可见·可达·可享

上海市环保设施向公众开放案例集

上海市环境保护宣传教育中心◎主编

中国环境出版集团·北京

图书在版编目（CIP）数据

可见 · 可达 · 可享：上海市环保设施向公众开放案例集 / 上海市环境保护宣传教育中心主编. -- 北京：中国环境出版集团, 2025. 8. -- ISBN 978-7-5111-6276-2

Ⅰ. X321.251

中国国家版本馆 CIP 数据核字第2025ZS5186号

责任编辑　田　怡　马宇敬
装帧设计　庄　琦　王立志

出版发行　中国环境出版集团
（100062　北京市东城区广渠门内大街 16 号）
网　　址：http://www.cesp.com.cn.
电子邮箱：bjgl@cesp.com.cn.
联系电话：010-67112765（编辑管理部）
010-67175507（第六分社）
发行热线：010-67125803，010-67113405（传真）

印　　刷　北京鑫益晖印刷有限公司
经　　销　各地新华书店
版　　次　2025 年 8 月第 1 版
印　　次　2025 年 8 月第 1 次印刷
开　　本　787 × 1092　1/16
印　　张　7.75
字　　数　121 千字
定　　价　58.00 元

《可见·可达·可享
上海市环保设施向公众开放案例集》

编写委员会

主　任：汤庆合

副主任：杜东园　杜龙刚

主　编：冯　缨　付　洁　李佳颖

副主编：陈思勤　曹　露　徐　璐

编　委：李　嵘　丁　琳　李　旭　黄重文　孙　娜　李韵姿

徐　凌　王　威　王朝晖　王文虎　曾　果　姚嫣洁

蒋轶婷　顾家璐　陆晓怡　张　玲　钮朝霞

前 言

让环保设施“零距离”，让公众互动“面对面”

环保设施向公众开放工作是践行习近平生态文明思想、推动落实《中共中央 国务院关于全面推进美丽中国建设的意见》要求的生动实践。通过多样化的展现形式、生动专业的环保内容以及广泛的受众覆盖，公众得以近距离、直观地了解生态环境保护工作的实际情况。这不仅搭建了一座开放、包容的沟通桥梁，连接起政府、企业与公众，更保障了公众的环境知情权、参与权和监督权，是构建多元共治生态环境治理格局的关键举措。

自 2017 年环境保护部与住房和城乡建设部联合印发《关于推进环保设施和城市污水垃圾处理设施向公众开放的指导意见》以来，上海市积极响应，全面推进环境监测设施、城市污水处理设施、城市生活垃圾处理设施、危险废物和废弃电器电子产品处理设施四类设施向公众开放。历经多年发展，这一工作已步入常态化、制度化轨道，成为上海市生态环境保护工作的主要组成部分。

为进一步深化环保设施向公众开放这一工作，持续提升公众参与度，展示设施开放单位积极履行社会责任的担当，总结推广各类开放活动的成功经验与创新做法，发挥典型示范的引领作用。2024 年，上海市环境保护宣传教育中心组织开展“上海市环保设施向公众开放典型案例”征集活动，其间得到了上海市各区生态环境部门、环保设施向公众开放单位以及相关志愿服务机构的积极响应与大力支持，在此，我们致以诚挚的谢意。

本书汇集了上海市环保设施向公众开放最具代表性的 34 篇案例，旨在为环保设施向公众开放工作提供有益参考，以推动上海市环保设施向公众开放工作迈向更高水平。书中内容如有不足之处，恳请广大读者批评指正，不吝赐教。

本书编写委员会

2025 年 5 月

目 录

敞固废处理之门　解锁资源新生

拓志愿行动之途　传递环保温情

启环境监测之窗
慧眼洞察生态

我是“小小环境监测员”，更是生态环境保护行动者

导读

上海市环境监测中心（以下简称监测中心）成立于 1983 年，隶属于上海市生态环境局，监测中心是上海全市环境监测系统的网络中心、技术中心、数据中心、质控中心和培训中心。

针对同学们的年龄特点和个性需求，监测中心面向同学们开展了“小小环境监测员”活动，旨在让同学们了解环境监测的基础知识，激发他们学习生态环境知识的兴趣，并引导其树立生态文明意识，主动成为生态环境保护的行动者。

什么是环境监测？“空气宝宝”是怎样表现空气质量的？怎样观察一条河的水质好坏？对于这些问题，同学们在“小小环境监测员”活动中，通过参加环境监测基础知识介绍、空气质量预测预报科普讲座、水质监测科普讲座、水样现场采集演示、植物标本制作、搭建校园空气微站这六个板块的活动找到了相应的答案，收获满满。

参观监测中心环境监测科普展厅

技术人员为同学们科普空气质量预测预报知识

同学们的“监测之旅”是从环境监测基础知识介绍开始的。在监测中心环境监测科普展厅里，技术人员向大家讲解了环境监测基础知识和上海的环境监测工作开展情况，帮助同学

们了解什么是环境监测、环境监测工作的作用等。

随后，监测中心的技术人员给各位“小小环境监测员”举办了一场空气质量预测预报科普讲座。在长三角区域空气质量预测预报中心，技术人员通过一块屏幕，给同学们生动形象地上了一堂空气质量预测预报科普课。技术人员首先向同学们展示了空气质量的预测预报系统，介绍了长三角区域空气质量预测预报中心的工作内容，接下来用生动有趣的语言深入浅出地讲解了污染形成的过程、什么是 AQI（空气质量指数）、怎样通过观察“空气宝宝”来判断空气质量等知识，同学们听得津津有味。在讲解过程中，同学们还不时地向技术人员提问。在激烈的问答中，同学们深入了解了空气质量预测预报知识。

在水质监测科普讲座中，技术人员带着仪器走进了学校。从水质监测的对象、目的，到采样准备、采样仪器、采样过程，以及先进的水质指标分析仪器，技术人员给同学们一一进行了讲解。同学们掌握了理论知识后，技术人员还展示了一场“实战”——在水样采集现场，技术人员起飞了一台无人机，现场为同学们演示生境巡查。“原来环境监测还应用了这么多科技手段。”一个同学说道。

技术人员演示无人机生境巡查

环境监测不仅能“上天”，而且还能“入地”“潜水”。技术人员一边讲解水样采集和监测目的、采样方法、注意事项等知识，一边采集水样、浮游生物和底栖生物，同学们围成一圈，全神贯注地倾听技术人员讲解各项参数是如何反映水质情况的。

技术人员演示水样采集

动植物也在生态环境中扮演着重要

的角色。在动物标本陈列室，同学们观察着各式各样的动物标本，技术人员则在一旁补充讲解着各个动物的种类，以及它们的标本在生物监测中发挥的作用。接着，同学们来到了三江路 55 号大院，在技术人员的指导下，他们亲手采集、制作了自己喜欢的植物标本。在整个过程中，有的同学专心致志、埋头苦干；有的同学在技术人员手把手的帮助下取得了进展；还有的同学拿起已经做好的标本高兴地向大家展示。

此外，监测中心还与延安中学合作，帮助其搭建了校内环境空气质量监测微站。搭建完成后，微站监测的环境空气质量数据将会传输到校园网上，在技术人员的指导下，延安中学的同学们学会了使用微站测量校园内的基本空气质量参数，并深刻理解了这些参数的含义。通过微站，校内师生可以清楚明了地看到校内环境的空气质量情况。

启示

“小小环境监测员”活动针对性强，以同学们为中心，针对他们的年龄特点和个性需求，科学设计活动内容，将科普讲解和动手操作相结合，以激发同学们参与活动的兴趣，提升同学们的参与感和体验感，并充分发挥同学们自身的创造性和学习能力，寓教于乐，提高活动效果。

同时，该活动充分发挥监测中心的专业优势，将专业内容与基础知识相结合，深入浅出地讲解生态环境知识，从而加深同学们对生态环境领域的了解，激发他们深入学习的兴趣。

供稿｜上海市环境监测中心

“一站式”体验环境监测设施，绿色低碳生活从我做起

导读

徐汇区环境监测站公众开放活动以监测站为平台和载体，接入区内其他环境教育基地实时影像，让市民“一站式”了解区内环保设施。统筹生态环境宣教、环境监测技术、环境大数据统计分析等内容，集公众性、科普性、体验式、信息化等特点于一体，向市民传播节能环保理念，倡导绿色低碳生活方式。

徐汇区环境监测站的开放场所包括 5 楼展示区、4 楼互动区和屋顶露台海绵城市展示区三大板块。在 5 楼前台实时更新的徐汇区空气质量大屏前，参观者正式开始了他们的“一站式”监测体验。5 楼展示区通过幻影成像、透明屏、多媒体等高科技手段，全方位地向公众展示了徐汇区生态环境的实时动态，并循环播放科普宣传短片、实验室操作流程，向大家介绍海绵城市的原理和建设方法。4 楼的互动区域设置了科普实验台、VR 模拟操作、互动活动区等。戴上 VR 眼镜，参观者一秒便可进入“VR 实验室”，在趣味十足的互动小游戏和通俗易懂的科普教育片中，专心致志地学习环境监测知识。

体验 VR 眼镜

观看科普教育片

VR 实验室

屋顶的海绵城市展示区因地制宜地展示着雨水收集利用、海绵城市等生态环保理念。此外，还就公众普遍关心的生态环境问题，针对不同人群关注点展示了讲解内容。

据介绍，徐汇区环境监测站每年对外开放至少 6 次，一般两个月开放 1 次，每次接待人数为 20 人以内，根据参观人群的报名情况也会适当增加开放次数。

值得一提的是，为了评估开放效果，监测站负责公众开放的团队还在每个参观方案套餐中安排了一套问题卡片，正式参观前会将问题卡片发放给各位参观者，让公众在整个参观过程中带着问题去思考、去学习。参观结束后，每位参观者须对问题卡片进行回答，以反映本次开放的效果。不仅如此，参观者还会填写调查问卷，将本次参观后的建议与意见反馈给公众开放团队，双方共同努力，不断完善开放活动。

在讲解人员组成方面，监测站公众开放项目讲解团队由 17 名党员、团员青年组成，分为 4 个小组，每个小组负责一次公众开放活动。讲解团队配有统一的讲解稿，前期全员进行集中培训试讲，并不定期请专业人士进行礼仪培训、宣讲培训等，以提高讲解员的讲解专业程度，确保给参观者带来良好体验。在每个开放日，参观者还可以给讲解员及其团队进行打分评价，监测站每年会评选金牌讲解员，以激励讲解团队不断提高讲解水平。

启示

作为上海市第一批全国环保设施和城市污水垃圾处理设施向公众开放的单位，徐汇区环境监测站先后接待了徐汇区政府、徐汇区青少年活动中心、徐汇区税务局、南洋模范高级中学等单位人员参观，并为区内居民，中小学校师生，机关单位、相关企事业单位人群进行了生态环境问题的科普宣讲。

徐汇区环境监测站通过环境监测设施设备的开放活动，让公众走进监测工作，了解监测程序，不仅普及了环保知识，而且增强了公众对环境质量监测科学性、准确性的理解，从而促进其积极履行环保责任，共同呵护生态环境。

供稿｜徐汇区环境监测站

“公众开放 +N”
打通环境宣教“最后一公里”

导读

长宁区环境监测站以创新实验室为平台，将环保课堂带入社区、学校、敬老院等，开启“公众开放 +N”新模式，打通了环境宣教的“最后一公里”。

为了让参观者更直观地了解环境监测工作流程与方法，长宁区环境监测站带领参观者参观了实验室，体验了仪器设备操作的方法、观看了智慧生态数据平台和户外环境监测智能感知点的演示，并结合空气自动监测、水质分析、辐射监测、噪声监测等形象生动的小实验，让参观者在动手实践中增强了对环境质量监测科学性、准确性的理解。

2023 年，长宁区环境监测站成为上海市首批挂牌的“青少年创新实验室”之一。以该实验室为平台，监测站围绕“创新、知识、素质、技能”四个维度，以“生态环

愚园路第一小学的学生参加了一场别具特色的课后活动

境保护”为主线开展了一系列培养学生综合能力、创新思维以及实践能力的活动。

例如，愚园路第一小学的学生参加了一场别具特色的课后活动。在活动中，工作人员首先向同学们讲解了空气中总悬浮物的测定方法，并现场演示重量法的操作流程；随后向同学们展示了沙尘暴天气采集的滤膜，让同学们直面环境污染的状况，意识到保护环境的重要性。

与此同时，长宁区环境监测站还以周桥苏河步道驿站、虹桥河滨公园等美丽长宁场景为主要参观路线，结合社区生态文明实践区现场环境监测观察点，为附近居民打造了一系列户外生态环境公开精品课程。2023 年 7 月，长宁区环境监测站在苏州河畔为天山社区居民举办了一场别开生面的环保公开课——通过展示驿站环境空气感知一体机、亲水平台的水质监测、环境噪声屏，结合苏州河治理的历史、上海市“一江一河”的建设，市民在学习环境监测知识的同时，还切实感受到了长宁区域环境综合治理的成果。

走进小学校园开展环保公开课

他们不仅走进了校园、社区，长宁区环境监测站还走进了养老院，为老年群体送上通俗易懂的环保知识科普课——在长宁区万宏悦馨第二养老院，长宁区环境监测站的党员骨干就老年人切实关注的噪声、辐射等与生活密切相关的热点问题，进行了深入浅出的讲解。其间，详细介绍了这些环境指标的基本情况，还通过模拟对 5G 基站的实时频谱分析，让大家对身边的通信基站电磁辐射有了一个量化的概念。针对老年人关心的噪声扰民、家电辐射、医疗辐射等问题进行了一对一的专业解答，有效地缓解了老人们的焦虑。

天山社区居民在周桥苏河步道参观

从 2020 年开始，长宁区生态环境的各项数据指标便统一通过“一网统管”监测，人工和智能、动态和静态、线下和线上数据汇集的生态环境主题应用场景大数据库也由此建立。为了展现本区在生态环境智慧应用方面的成果，在开放活动中，长宁区环境监测站还为参观者展示和讲解了餐饮业油烟在线监控预警、网格空气微站预警试点，工地扬尘在线预警、环境监测感知元与执法联动的全过程处理流程等内容，将长宁区智慧环保服务于民的理念巧妙地注入日常的环保宣传中。

启示

长宁区环境监测站的“公众开放 +N”模式以环保设施开放工作为抓手，积极整合“监测站 + 学校 + 社区”的各项资源，联合教育、科技等有关单位，进一步优化环境教育管理机制，将环保设施向公众开放与环境教育有机结合。

通过举办形式新颖、亮点突出的环保设施公众开放活动，让社会公众成为关注、参与、宣传生态文明和环境保护工作的主角，以使环境责任意识深入人心，从而提升全社会生态环境保护意识和生态文明素养。

供稿 | 长宁区环境监测站

让“每一滴干净的水都来之不易”被看见

导读

浦东新区环境监测站联合浦东新区高行镇河长制办公室在森兰绿地开展了“水质的监测员”体验日——地表水监测环境教育实践活动。立足于“监测”二字，该活动充分发挥了监测站和河长办的专业技术特长，通过环境教育与实践活动相结合的模式，学生能够体验“问题—探索—体验”的过程，并把“每一滴干净的水都来之不易”的生态环境保护理念拓展到真实的环境实践中。

活动以工作人员向学生介绍森兰水质自动监测站的运行情况和工作原理为开端。地表水自动监测站点需要配备采配水单元、控制单元、分析单元、数据采集和传输单元。监测项目主要包括水温，pH，溶解氧，电导率，浊度，高锰酸盐指数，氨氮、总氮、总磷浓度等。工作人员介绍地表水站点中水温、pH 等五种参数是 24 小时连续监测，每个小时都会上传数据，而高锰酸盐指数，氨氮、总氮、总磷浓度是 4 个小时上传一次数据。同学们围在工作人员的身边一边聚精会神地听着，一边做着记录，生怕漏掉任何一个细节。

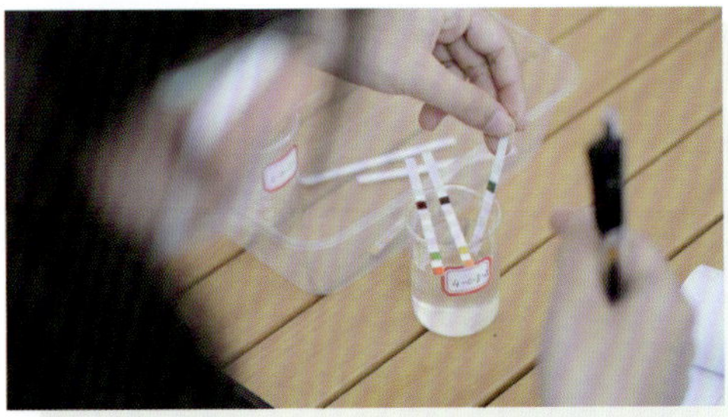
体验快速检测小实验

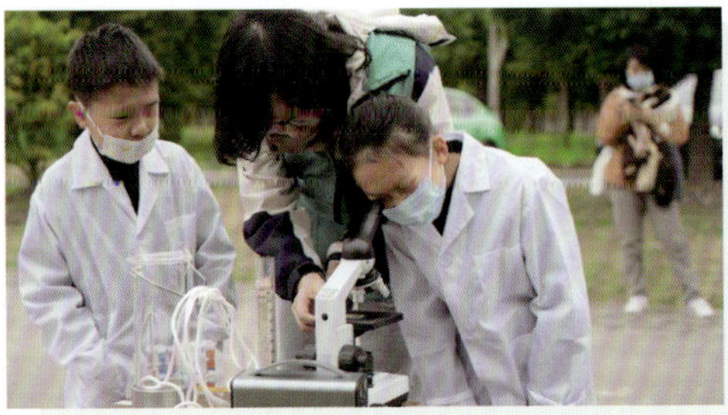
体验显微镜

接下来，工作人员向同学们传递了今天的监测指令：高南河—森兰绿地地表水监测站监测的项目内容包括高锰酸盐指数，氨氮、

森兰水质自动监测站旁，观察植物

参观自动监测站

总磷、总氮浓度，水质常规五种参数和氧化还原电位（ORP）。

收到指令后，同学们在志愿者的指引下迅速行动了起来。同学们在了解了简易快速试纸、便携式水质监测仪器和自动监测三种不同的水质监测方法后，便开始进行水质监测实验，以得出监测结果研判河道水质等级。

经“小监测员”们研判，森兰绿地的河道水质较好，基本符合《地表水环境质量标准》（GB 3838—2002）的Ⅱ类、Ⅲ类水质标准，非常适合水生生物的生长。志愿者指导同学们把实验数据和结论填写在研学记录册上，为此次活动画上圆满的句号。

在水质监测过程中，志愿者带着同学们一边在水岸绿地漫步，一边讲解水质保护、生物多样性等知识，让同学们切身体会到保护环境的不易。通过这次活动，同学们意识到保护环境要从我做起，从日常生活做起，要为塑造美好生活环境贡献自己的一份力量。

启示

这一监测环境教育实践活动是环境监测站的环保设施向公众开放活动在开展形式上的一次有益尝试，在一定程度上打破了以往生态环境科普活动的单一性。活动主要面向学生群体，通过组织参观地表水自动监测点、观察水质情况、完成简单水质监测实验等环节，同学们能够给自己身边的水环境打分。同学们在了解水质监测工作基本方法的同时，也能了解影响水质的各项因素，从而能够有意识地从我做起、从日常生活做起，提升环保理念。

供稿｜浦东新区环境监测站

“青小蒲”带你畅游环境监测站

导读

青浦区环境监测站依托自身优势和特点，建成了集参观、互动、科普教育于一体的环境科普教育基地，主要开放场所包括“筚路启林”文化厅、生态科普厅、空气质量预测预报厅、微生物实验观摩室、躬耕农行实践区。

基地以青浦区生态环境吉祥物——“青小蒲”为引导，通过主题活动、实践参与、互动游戏等环节，营造了一个充满科技氛围的环境，提供了沉浸式、交互式的环保科普体验。

作为青浦区生态环境吉祥物，“青小蒲”所展现出的是如蒲草一般，柔软而坚韧、无所畏惧、百折不挠的精神，同时倡导尊重自然、保护生态环境的理念。因此，基地讲解员化身“青小蒲”，开展了一系列典范机制精品课程讲解。

围绕“水、大气、声、土壤、辐射”，结合公众关注的热点话题，工作人员编制了独有的科普讲解教案，如《大话 AQI》《臭味也能评级？》《金属的秘密》等，还增设了实验与互动，用生动有趣的解说，让广大青少年更加深刻地了解环保那些事儿。

在讲解员的带领下，参观者通过参观生态科普厅、空气质量预测预报厅、实验室及躬耕农行实践区等深入了解教育基地。在生态科普厅，观众可以通过讲解和互动，了解青浦的空气、水、辐射、噪声、土壤等生态现状；在 2023 年建成的以“青小蒲”为设计主题的环保文化长廊，参观者可以徜徉在青浦的特色景点、水下世界和森林公园等设计场景，感受青浦兼具现代化、花漾水乡和生物多样性的多重文化魅力，在潜移默化中增强了环保意识。

值得一提的是，2023 年，基地还结合全国科普日活动举办了“传承科普基因，激发绿色动力”环境科普主题家庭开放日活动，活动吸引了区内多组亲子家庭报名参与。活动现场布设了“探秘‘水’世界”“小淘‘气’驾到”“环保练习‘声’”“土地的秘密”“多样拼拼乐”“辐射小侦探 ”“‘植’行力大挑战”7 个主题营地，围绕水、大气、声、土壤、生物多样性、辐射六大主题，打造可视、可听、可玩、可感的立体式环保科普体验活动。在一系列体验任务全部完成后，亲子家庭可与“青小蒲”合影打卡并分享至朋友圈，活动的最后一站为在生物多样性展台兑换“环保体验官”证书及“青小蒲”特色文创环保纪念品。

参观生态科普厅

科学小实验

当科学遇上环保，一个个有趣的互动游戏，让市民充分感受到环保与科技的力量，也在同学们心里种下了科学与生态文明的种子。小手拉大手——一个个家庭带动全社会参与到生态文明建设中，做美丽中国的行动者。

此外，基地还实行集体备课制度，“老带新”“集众智”，优化资源配置，打造精品教案；并通过定期培训和技能竞赛，树典型、立模范，内强素质、外树形象，推动基地讲解及接待工作向着更规范、更专业的方向发展。

“传承科普基因，激发绿色动力”环境科普主题家庭开放日活动

启示

多年来，青浦区环境监测站建设了集参观、互动、科普教育于一体的环境科普教育基地，基地还组建了一支以优秀党员、团员为中心的环境科普教育基地志愿者服务队，继续开展面向社会公众的环保科普教育。

基地在 2012 年和 2013 年两度被上海市环保局和上海市科委命名为“上海市环境教育基地”和“上海市环境教育科普基地”；2016 年，成为全市首批“上海市青少年科学创新实践工作站”分站点；2023 年，被青浦区科技馆认定为“科技主题馆”。

基地一直坚持以“走出去，请进来”的方式，通过环保宣讲、实验互动、躬耕农行、环保手工等方式，为长三角地区的学生、居民、职工讲解专业的环境监测知识，截至 2024 年，受益人数近 17 万。

供稿｜青浦区环境监测站

小空间大学问，6 平方米也能上一堂环保课

导读

静安区环境监测站（以下简称监测站）向公众开放的主要为彭越浦—汶水路桥站水质自动监测站的环保设施。多年来，监测站围绕这小小的 6 平方米环保课堂“螺蛳壳里做道场”，通过“线上 + 线下”的方式，营造个性化服务、沉浸式体验、双向式互动的公众开放新模式，使环保设施开放活动成为市民与生态环境部门有效沟通的桥梁。

2020 年，该开放活动被评为静安区生态环境局优秀工作案例；2021 年，获评区内“我为群众办实事”活动重点民生项目；2022 年，被静安区文明办推荐为“静安区百位初心守护人”文明实践志愿服务项目。

监测站的讲解员精心录制了水质自动监测站科普短片，对站点内每种仪器设备进行讲解，详细介绍该站点的建设、运行和维护情况。无论是到现场参观的社会公众，还是关注“静安环境”公众号的网友，都能通过视频详细了解到对外开放环境设施的情况，真正实现线上 + 线下开放的重要意义。不仅如此，为使公众能更清晰和直观地了解环境监测设施的运行情况以及主要的功能和特点，工作人员还为活动量身定制了宣传册、宣传横幅、手举牌等，让市民在生动性和趣味性中参观学习。

每逢世界水日、六五环境日，监测站都会抓住时机，开展相关的主题宣传活动。不仅举办针对学校、社区、志愿者的群体开放活动，还通过“环保设施向公众开放”小程序实现打卡功能，让每位参观者形成自己的打卡足迹，并分享到社交媒体。如今，监测站已成为当地小有名气的热门网上“打卡地”。

上海市第一师范学校附属小学的同学们经常到监测站参观。为了让同学们更好地

了解生态环境知识，监测站不仅精心制作了科普展板、设计参观路线，还特地设置了互动体验区。同学们参观时，讲解员通过现场提问、分组抢答、手把手体验等形式，增强了活动的趣味性和参与感。此外，监测站还设计制作了环保设施向公众开放LOGO贴纸，由监测站站长为参加活动的同学贴上贴纸，参观过程充满了仪式感，受到鼓舞的同学们纷纷争做“环保小卫士”。

开放活动不只面向学生，近年来，监测站一直在探索“公众开放＋”多元模式。

“公众开放＋志愿者团队”模式：与静安区河道水政管理所联合开展开放日活动，积极联系“清清驿站”志愿服务队，充分发挥“清清驿站”宣传基地功能，凝聚起两方绿色公益力量，让环保设施向公众开放项目更扎实。

“公众开放＋校园”模式：在静安区生态环境局的组织下，监测站以水环境科普为契机，积极搭建平台，以夏令营模式带领同学们参观水质自动监测站，同时将化学实验带入课堂，对水项目的检测过程进行现场演示，让同学们近距离地感受神奇的变化。

参观实验室

参观水站、“清清驿站”

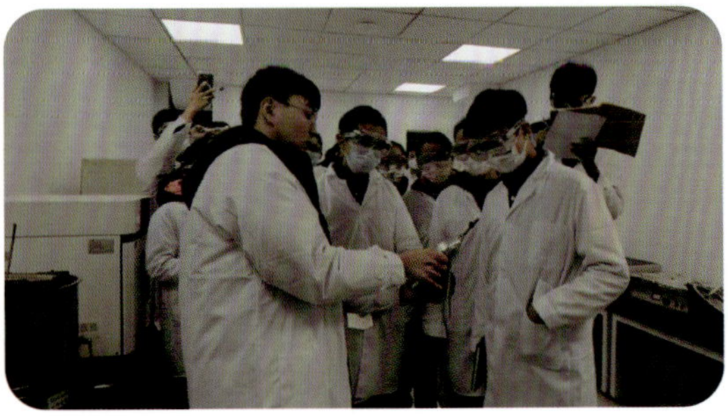

体验噪声仪器

展示实验

“公众开放 + 党组织”模式：以党建为引领，与各共建单位党组织开展联建联学。作为“我为群众办实事”项目，监测站扩大受众群体覆盖面，主动联合局机关、执法大队及相关共建单位的党组织，通过支部共建新载体，将生态环境理念传递至更广的领域，从而让更多社会公众了解和参与到开放日活动中来，进一步增强全民生态环境意识。

启示

监测站利用有限的开放场所，通过线上线下联动开放，以不同角度、不同方式向公众展示生态环境监测设施。这不仅开辟了公众参与生态环境保护的通道，也凝聚了社会公众共同参与生态环保行动的合力，同时，为在校学生和社区居民等群体与生态环境部门之间搭建了交流的平台和桥梁。

供稿 | 静安区环境监测站

“请进来　走出去”环保科普送到家

导读

虹口区环境监测站（以下简称监测站）长期与广中路小学和欧阳路街道欧四居民区“结对”，定期策划筹备“请进来　走出去”环保设施向公众开放活动，监测站工作人员化身讲解员，为大家科普基础环保知识，并讲解环境监测设备的日常使用过程，让社区居民零距离探索环境监测的奥秘，提高了公众对环保事业的认知度和参与度。

在开学季，监测站为广中路小学的同学们上了一节特殊的课外拓展课，上课地点就在监测站中。这堂课由“世界湿地日”引入，监测站的讲解员通过一个个趣味横生的小短片介绍了湿地的三种类型和我国湿地分布现状，同学们深刻地领悟到了保护水资源的重要性。结合日常生活，讲解员还和同学们分享了垃圾分类、噪声污染、低碳出行等环保小知识。

在环保设施向公众开放活动中，动手实操和实地参观是能够让公众了解环保最直观、印象最深刻的方式。在监测站工作人员的带领下，同学们一起来到化学分析实验室，动手尝试“变色”化学分析小实验。在工作人员的指导下，同学们充当了一次“小小监测员”，在动手做实验的过程中了解基础环保科学知识。接着，同学们参观了站内的仪器室、样品室、前处理室、天平室、理化实验室、微生物实验室等多个功能实验室，近距离参观了便携式 GC-MS（气相色谱 - 质谱联用）、原子荧光光谱仪等一系列专业检测设备。通过工作人员现场演示仪器操作和联系生活的科普讲解，同学们沉浸式体验了生态环境监测的乐趣。

活动还设置了互动问答环节，同学们纷纷提出自己关心的环保问题，在交流探讨中，增进对环保工作的了解认知。最后，工作人员向学生们发放了由优秀学生生态环保主题摄影作品、优秀自然生态笔记制成的《生态印记》笔记本，鼓励学生们从小爱护生态环境，保护生物多样性，共同构建人与自然生命共同体。

同学们在实验室做“变色”小实验

工作人员在实验室向同学们介绍实验设备

工作人员在室外向同学们介绍环境监测设备

学生与工作人员互动交流

每逢六五环境日，监测站不仅会为同学们送上环保科普课，还会在居民区举办“环境监测设备进家门”的公众开放活动。面对居民们最常遇到、最为关心的居民区空气质量、噪声等环境问题，监测站专业人员向居民们演示了室内甲醛仪和便携式噪声监测设备的使用方法，并一一为大家答疑解惑，从而能够让公众近距离了解与日常生活息息相关的环境监测设备。此外，在欧阳路街道欧四居民区祥德新苑“生态绿苑”的建设过程中，监测站也积极参与，发挥自身优势，提出生态环保方面的指导意见，并提供一系列环境监测服务，不断优化绿色生态提升项目方案，并推动多个微更新项目落地。

欧四居民区的“花溪鸟林”环保志愿者团队活动、生态绿苑“花溪鸟林”植树节宣传活动、“中国水周”主题宣传讲座、世界地球日主题活动、“蚯蚓塔”科普活动等多项活动中，都有监测站的身影，可以说，在监测站和社区居民的共同努力下，生态绿苑已成为一本环境保护理念的“活教科书”，时刻向居民传递着生态理念，倡导大家共同践行绿色生活，建设美丽家园。

启示

举办环保设施向公众开放活动旨在推进生态环境体验教学，扩大信息公开范围，引导公众了解、参与和支持环保工作。监测站与学校、社区联合，定期举办环保设施向公众开放活动，有效增强了社会公众的环保意识，激发了社会各界参与环保的热情，从而共同推动了虹口区生态环境保护工作的蓬勃发展。

供稿｜虹口区环境监测站

“站校”联动，让设施开放不只是上门参观

导读

2012 年，松江区环境监测站（以下简称监测站）被评为松江区环境教育基地，基地经常开展主要面向在校学生的环保科普活动。2019 年，监测站更新了硬件设施，并向社会开放了全新的环境监测设施展示厅。为进一步扩大环境科普教育影响力和覆盖面，监测站积极与松江区内中小学校合作共建，开展环保宣传进校园活动。通过选派校外辅导员走进中学，招募并培养环保设施向公众开放学生志愿者等形式，监测站成为本区开展生态环境宣传教育的重要阵地。

据统计，2023 年，监测站接待参观人员 35 个批次 1027 人次，其中在校师生 15 个批次，579 人次。

例如，东华大学附属实验学校的学生走进监测站进行参观。线下展示厅由“环境监测助力生态松江”“九大领域环保监测”“环境实时监测”“环境设施分属类别”“环境保护科普知识点”“爱护环境，从我做起”“荣誉展示”等主题组成。展示厅借助环境实时监测设施资源及传输网络系统，巧妙地打开了实时实景窗口；以静态平面设计方式完整地勾勒和铺陈展示内容纲要；以动态高科技、多媒体演绎互动等方式穿插递进，构成有机联系的三个篇章宣教主线内容；采用影像多屏拼接技术，强化环保主题渲染效果，并运用多媒体沙盘和触摸查询系统，展示实时监测信息。

如何深化学生参与环保设施向公众开放的深度，进一步扩大宣传阵地效能？监测站就这一问题，结合“绿水青山就是金山银山”的理念，组建了校外辅导员团队，与区内中小学校合作，开展环保宣传进校园活动。辅导员以“守护绿水青山　建设生态松江”为题，为同学们带来充满绿意的生态环境宣讲课程，从空气质量、水环境质

量、声环境质量等领域入手，深入浅出地讲解 $PM_{2.5}$、AQI 等常见的生态环境指标。同时，宣讲如何参与环保，践行“公民十条”，减少能源消耗和污染排放，守护生态环境。与此同时，为推动更多同学参与到环保设施向公众开放的活动中，监测站联合多家单位共同举办高中生志愿者培训活动，构建校内外育人共同体。松江一中、松江二中、上外云间中学共 14 名学生参加了培训。在培训中，松江区志愿者协会负责人为同学开展志愿者礼仪服务要点培训，松江区青少年活动中心讲师为环保小记者讲解了摄影技巧，上海辰山植物园科普专家为环保讲解员培训了环境科普解说的基本原理及要点。监测站每年还会为东华大学环境科学与工程学院大四同学提供一定量的实习岗位，助力其顺利从学校走向社会。

上海城建学院同学在环境教育基地参观

松江区总工会党支部在基地四楼实验室参观

多年来，监测站始终秉承“环境科普助力生态松江”的初衷，与东华大学、上外云间中学等学校开展长期合作，并获得上海西外外国语幼儿园赠予的荣誉锦旗等。监测站通过环保设施向公共开放活动，已成为全区学生生态环保实践的重要阵地。

高中生志愿者在环境教育基地参与试讲

启示

监测站高度重视生态环境教育进校园工作，不断加强“站校”联动，扩大环保设施向公众开放的辐射力。监测站与各学校多次开展合作，打造区生态环境保护教育的实践点，组织培训高中生志愿者并建立长效机制。通过宣传生态环境保护的工作，为同学们提供志愿者活动和学习机会，提高了广大中小学生及大学生的生态环境保护意识及综合文化素质，扩大了环保设施向公众开放的影响力和宣传效应。

供稿｜松江区环境监测站

打造居民“开放日”，让环保科普离得近、接地气

导读

黄浦区环境监测站（以下简称监测站）建于1979年，是全国环境监测二级站。在完成区域范围内的环境质量监测、污染源监督监测、信访监测、应急监测等各类监测任务的同时，监测站还承担着向公众普及环保知识、提升环保意识的重要职责。作为开展生态环境保护宣传教育的重要阵地，监测站以开门办活动的形式，针对居民关注度高的内容，以及与日常生活息息相关的辐射安全、噪声扰民、油烟监测等内容进行环保科普活动。

2023年8月，在首个全国生态日期间，监测站的工作人员为打浦桥街道居民送上了一堂沉浸式的环保科普课——工作人员向居民介绍了各类环境监测项目和开展监测工作使用的各种仪器设备，让大家亲自动手体验生态环境监测工作。随后，又为居民讲解了雨水质量监测的相关知识，还带着居民一起测量事先收集好的不同雨水样品，并与实验室用的蒸馏水进行对比，从而直观感受雨水的质量。“原来，我们的一举一动都能对生态环境产生影响。”一名居民感叹道。

在首个全国生态日，监测站开展环保设施向公众开放活动

在世界地球日，监测站开展环保设施向公众开放活动

在了解到中福花苑第一居委辖区内的居民有不少环境影响方面的困惑后，监测站内又增加了一场环境监测设施公众开放日活动。活动当天有近 20 位居民代表参加，监测站党支部书记和科普讲解员从如何监测噪声、生活中的辐射现象、装修后室内空气检测的“甲醛治理骗局”等方面切入，让日常监测数据“说话”，普及科学的环境保护知识和正确的个人防护观念，并在现场模拟演示了如何监测噪声和辐射。

2024 年六五环境日，监测站还为外滩街道“爱我家园”苏州河护河队的居民志愿者们举办了以“生物多样性保护”为主题的讲座。从生物多样性的概念、现状、主要威胁因素、保护行动及上海本土生物多样性的“家底”等方面讲述保护生态环境和生物多样性的重要意义。讲座内容与护河队志愿者“爱河护河、守护家园”的理念相契合。与此同时，监测站还与学校合作，成立青年志愿者宣讲团队，带头讲好新时代生态文明建设和生态环境保护的故事，打造“环境青年说”宣传品牌。据了解，宣讲团精心制作了“环境青年说”习近平生态文明思想系列宣讲视频，并推出四期“建设人与自然和谐共生的现代化”主题宣讲视频；还在开放日面向前来参观的居民、中小学生举办不同角度的生态环境保护知识讲座，如“一江一河的前世今生”“生活中的

环境监测设施公众开放日暨世界认可日主题宣传活动

辐射”“双碳那些事儿”等趣味讲座，为大家科普更多生态环境知识，引导大家践行绿色低碳生活方式。

从 2024 年 4 月起，监测站与东华大学环境科学与工程学院的志愿者们走进黄浦区的中小学校园，积极开展“无废城市”理念进校园系列活动。志愿者们通过通俗易懂的语言和丰富多彩的小游戏等，让同学们了解什么是“无废城市”，并深切体会“无废城市”的重要性和深远意义。

联合黄浦区市场监督管理局开展“质量开放日”活动

启示

环境监测设施公众开放日活动让居民朋友们走近环保、感受环保、体验环保，进而参与环保、支持环保，从而能更广泛地凝聚社会共识，为黄浦区的生态文明建设营造良好的氛围。让公众零距离地感受生态环境保护工作，增强对环保工作的信任和支持，更广泛地动员全社会力量参与美丽黄浦建设。

供稿｜黄浦区环境监测站

一座环境监测站的“双重身份”

导读

普陀区环境监测站内的环境教育场馆于 2012 年年底建成开放。该监测站的开放区域由展厅、环保科普长廊和环境监测实验室组成，在这里，公众可以了解到空气、水质、噪声等监测常识，生物多样性，碳达峰、碳中和等生态环境领域热点知识，还可以学习交流、动手操作。

2014 年，该监测站被授予“普陀区环境教育基地”称号，2019 年，被列入环保设施向公众开放名单。普陀区环境监测站是展现普陀生态环境建设的重要窗口，也是弘扬普陀生态文明的重要载体。

来自上海大学环境专业的学生每年都会在普陀区环境监测站内开展为期一至两个月的实习。大学生们会在监测室、分析室和综合技术室学习环境监测专业相关知识和基本操作技能，包括地表水采样、废气采样、废水采样，水中污染物浓度的测定、固定污染源废气中非甲烷总烃的测定，以及数据的分析与处理等内容，提高专业素质，增强专业水平和实践能力。普陀区环境监测站内的开放空间包括展厅、环保科普长廊以及环境监测实验室三部分，总面积约 500 平方米。在环保科普长廊中，教育基地把以前分散在楼梯和不同楼层里的展板全部集中搬到了四层走廊，并对内容进行了更新——在介绍环境空气、水质、噪声等监测常识的基础上扩展了碳达峰、碳中和的相关知识。

值得一提的是，环保科普长廊还特别设置了一个板块，用于记录生态环保人夏德初同志利用废弃的易拉罐等做出的精彩艺术作品。此外，为了增添本土特色，教育基地还增加了上海常见的鱼类和水生植物板块，让参观者收获了许多乐趣，并增长了知识。

展厅分设不同的功能区域，例如，实验区可供前来参观的市民动手体验，如观察玻片、操作声级计、体验音量分贝等，让参观者能够在趣味实验中学到更多知识。除了测量声音，实验区还可以围绕地表水、大气实验分析等多个主题进行实验和互动。

这里不仅是一个监测站，还是普陀区生态环保志愿服务总队服务点。这支由普陀区生态环境局、普陀区生态环境局执法大队及普陀区环境监测站党员、团员等青年骨干组成的团队成立于2015年，共有注册志愿者41名，累计服务时长近3 000小时。

监测站的导览与讲解也是志愿者团队的特色定点服务项目，接待了众多学生和社区来访者，现已成为区内开展生态环境教育实践的重要场所之一。2023年，志愿者们还专门在这里实景拍摄了“普陀区环境教育基地云开放”在线参观活动，举办了“噪声对人体及环境的危害”“人与自然和谐共生”“共建生命共同体　保护生物多样性”“低碳生活伴我行”等多场主题环保科普志愿活动。

工作人员为参观者讲解监测知识

启示

多年来，普陀区环境监测站通过建设更新线下展示厅，邀请公众参观，以及定时定点开展生态环保志愿者服务、为大学生提供实习场所、开展青少年环境教育等活动，建立起一个深层次、立体式的环境教育基地以及环保设施向公众开放的工作体系。打造了一个零距离接触、沉浸式体验的环境教育实践平台，为市民带来了更加生动丰富的参观体验，加深了公众对环境监测设施和生态环境知识的了解，传递了绿色环保、生态为民的价值理念。

供稿｜普陀区环境监测站

探污水净化之旅
共绘碧水长卷

走进“中国最美水厂”

导读

上海嘉定南翔水环境净化有限公司成立于 2014 年，是全国首批、上海首个政府和社会资本合作（PPP）的下沉式再生水厂。向公众开放的场地由南翔水生态公园、上海嘉定南翔下沉式再生水项目、上海嘉定水环境科普馆三部分组成，占地面积共 11.32 公顷。

其中，水处理生产设施部分采取全地下建设，包括污水处理设施和再生水生产系统。地面空间建设开放式景观公园和水环境科普教育馆，为市民提供了一个集休闲、娱乐及体育锻炼为一体的场所，有“中国最美水厂”之称。

在南翔水生态公园东北侧，超过 2 万平方米的生态湖清澈见底，倒映着空中的朵朵白云和湖畔的成荫绿植，宛如一幅“莫奈风”的油画。而这只是上海嘉定南翔水环境净化有限公司基地的一角——整个基地由一个水厂、一座展馆和一处公园组成。

作为城市的基础设施，污水处理厂是“标配”，但“污水厂可以建，但不要在我家附近建”也是不少市民的真实想法。为了解决这一邻避难题，华东地区首座下沉式

地下水厂——上海嘉定南翔下沉式再生水厂应运而生。今天，这里的出水标准是上海最高的，再生水资源 100% 利用，尾水能源也能综合利用，高效空气净化技术将臭气全部收集处理。

留云小学学生参观下沉式再生水厂

上海嘉定水环境科普馆则是上海乃至华东地区的首座水环境科普教育馆，占地面积约 3 000 平方米。展馆围绕科普水知识、水资源利用与保护等方面，通过多层次、多样化的手段，将声光效果、智能互动设备与科普讲解相结合，让每一个进入这里的人都能更好地了解水环境的意义和价值。

华东师范大学学生参观水环境科普馆

南翔水生态公园东北侧有两万多平方米的生态湖、绿地、栈桥、中式风格的亭台楼阁和蜿蜒曲折的水道造景。此外，公园内铺设有健身步道、足球场、儿童乐园等设施。公园位于航道下方，每隔几分钟，人们便可以近距离看到飞机从上空飞过。

上海嘉定南翔水环境净化有限公司基地内的地面景观公园常年对外开放，地下污水处理设施及科普馆为预约制。针对公众普遍关心的生态环境问题（如处理技术工艺、处理效果、监测程序等内容）还设计了相应的宣传材料，对其中的重点问题进行了科普讲解。

下图中一群小学生正排队使用显微镜，一探污水处理的操作原理。不仅如此，上海嘉定南翔水环境净化有限公司基地还与周边社区、学校等建立了长期联系。值得一提的是，这里还是上海交通大学、东华大学产学研基地及社会实践基地，经常为学生们提供实践活动场所和个性化生态环境讲解。

针对小学生参观群体开展的水样微生物比对实验

基地还通过日常的参观接待，不断优化参观路线、提高讲解水平和开放质量。在讲解活动中，还有不少“量身定制”的小巧思。例如，中小学生来参观时，开放活动以趣味互动环节为主；专业人士或者相关院系的大学生进行社会实践时，开放活动则侧重体现专业性；在接待社会公众时，则通过生动的演示，让大家切实感知脏臭污水“由浊变清”的全过程。

自 2018 年开放至今，上海嘉定南翔水环境净化有限公司已接待开放参观 500 余次，线上线下累计参观人数破万，并先后获得“2022 年十佳环保设施开放单位”“2023—2024 年度上海市科普基地”“2023 年国家生态环境科普基地”等多项荣誉称号。

启示

这座“中国最美水厂”巧妙地将婉约的江南美景与科普教育相结合，利用得天独厚的硬件设施积极向公众科普水环境保护知识，展示世界先进的污水处理技术、城市水资源规划建设等，向公众积极传递生态环保和可持续发展理念，为社会公众带来了良好的科学教育体验。

供稿｜上海嘉定南翔水环境净化有限公司

当亚洲最大的污水处理厂对你敞开大门

导读

白龙港污水处理厂作为亚洲最大的污水处理厂，污水处理量约占上海城市污水处理能力的三分之一，也是上海市水环境治理和污染物减排的重要承担者。

近年来，白龙港污水处理厂积极响应国家推进环保设施向公众开放的号召，结合自身优势，通过线上、线下相结合的开放模式，向公众普及污水处理工艺流程，打造了一个污水处理运营服务的标杆。

炎炎夏日，一群来自花木街道的学生找到了一个“避暑”的好地方——开放的白龙港污水处理厂展示中心，他们在那里一边纳凉，一边学习污水处理和水环境保护的知识。

花木街道的同学们来厂参观

目前，白龙港污水处理厂向公众开放的区域共有 15 处，开放面积达 50 203 平方米，其中室内区域有 14 523 平方米，室外区域达 35 680 平方米。而为了满足不同的群体的参观需求，白龙港污水处理厂有针对性地打造了“2+N”条参观科普路线——“2”指的是两条固定路线，包含水环境治理宣教中心和污泥干化焚烧展示连廊；“N”则为可选路线，包含海绵城市展示区、下沉式全流程污水处理区、出水展示区、8 座污泥厌氧消化池、消防科普体验馆、杨戌雷工作室等，参观者可根据自己的兴趣自行组合，获得精准丰富的参观体验。

找准时机，科普开放效果还会“翻倍”。每逢“政府开放月”“世界水日”“六五环境日”等意义重大的时间节点，白龙港污水处理厂都会采用“请进来，走出去”的开放形式：一方面，白龙港污水处理厂把学校、社区、企业的参观者“请进来”参观；另一方面，由白龙港污水处理厂的讲解团队“走出去”，到周边社区、学校或企业，开展“污水处理知识科普”“节水护水知识讲堂”等活动，把环保理念传递到各行各业，也在开放交流中不断凝聚全社会的生态环保共识。

与其他开放基地不同的是，白龙港污水处理厂还有着人员基数大的独特优势。聚焦讲解团队建设，白龙港专门成立了科普宣讲团队、专业讲解团队和劳模工匠讲解团队三支队伍，讲解人员共 12 人，其中 10 人持有教师资格证。此外，针对不同参观对象、不同来访目的，讲解人员还定制化讲解内容，让参观体验更加贴近参观人员生活和背景，形成差异区分。值得一提的是，针对污水处理厂设施设备复杂，危险源繁多的特点，白龙港还贴心地为讲解人员定期开设安全教育培训、危险源识别等课程，提升讲解人员的安全意识，也能进一步保障参观者的安全。

不只是花木街道的同学们可以线下前来参观，白龙港污水处理厂还能在线上为同济大学给排水专业的学生开设别开生面的污水处理“云课堂”。在更广范围内，“云课堂”还能造福因时间、天气等各种原因无法来厂区实地参观的市民游客。利用线上数字平台技术，白龙港污水处理厂开展了“云参观”活动，可以为附近社区居民、学校学生提供“云授课”，以更好地帮助大家学习绿色低碳小知识。

为同济大学给排水专业的学生云端授课

启示

白龙港污水处理厂结合自身优势，配备了三支专业讲解团队，针对不同参观对象，“量身打造”不同的参观路线和讲解内容，全厂年平均接待 60 余批次，接待服务人数 1 300 余人，已成为水环境科普教育领域的标杆。

供稿｜上海城投污水处理有限公司白龙港污水处理厂

在上海首座“花园式”全地下污水处理厂，一探“海绵城市”的奥秘

导读

泰和污水处理厂是上海首座“花园式”全地下污水处理厂，也是国内水、泥、气、声综合治理标准最高的污水处理厂。

在整个厂区的设计中，融入了海绵城市设计理念，集环境友好、土地集约、资源利用于一体，全部污水处理系统集中设在地下一层，上层美丽的公共绿地则向市民免费开放。厂区内部还建造了专门的科普教育场馆，定期开展公众开放活动。

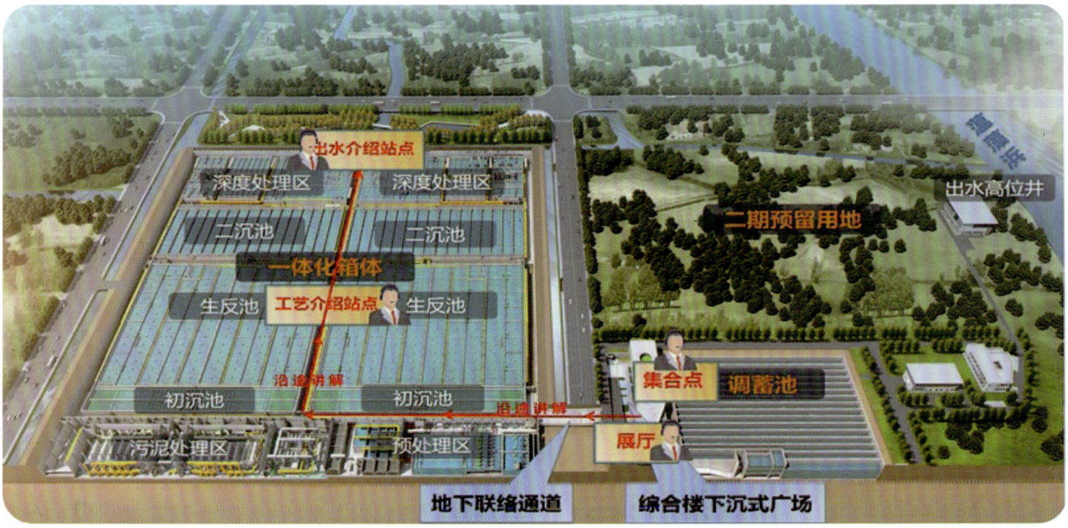

厂区参观路线图

位于上海市宝山区的泰和污水处理厂，是上海首座“花园式”全地下污水处理厂，你不知道的是，这里还有一份特别的“课程表”：课程“上海简称‘沪’的来历”对应小学五年级的同学；课程“污水处理的流程”针对初中、高中学生；课程“中国地

表水的分类”则面向全年龄段的参观者……原来，泰和污水处理厂为不同的参观人群量身定制了不同的参观方案，让不同群体都能享受到“菜单化”的参观服务。

针对不同年级学生的参观活动方案

小学阶段	初中阶段	高中阶段
同学们走进泰和污水处理厂，感受污水处理对居民的影响，激发爱护水环境和保护水环境的社会责任感；初步了解水资源与人类历史的关系，知道我国地表水的分布情况，理解水对人类和自然的重要性；通过对泰和污水处理厂调蓄设备的了解，感受科学在人类生活中的作用；通过对污水处理过程的了解，形成爱护水的科学态度，促进科学生活习惯的养成。	同学们走进泰和污水处理厂，阅读资料、参观展厅、亲身感受，学会判断水质的简易方法；了解泰和污水处理厂的建厂历程，知道影响水质的主要原因以及泰和污水处理厂污水处理流程；通过对调蓄池的了解，理解科技和自然之间的相互关系；在厂内感受科技之光，关注科学对人类社会的影响，形成科学的思维方法。	同学们走进泰和污水处理厂，选择专题开展研究，相互研讨。通过专题研究，知道影响水质的常见技术指标，理解改善水质的多种方法；理解对环境影响的多种因素，初步运用科学方法解决问题；发现人类社会发展与水、自然与水的依存关系，理解水是人类文明的血脉；了解上海治水的建设成就，体会环境对人类生活质量的影响，形成科学的思维方法。

针对不同年级学生的参观活动项目名称

编号	项目名称	适合年级
1	上海简称“沪”的来历	小学五年级
2	调蓄池的工作原理	小学五年级
3	水污染的原因	小学高年级
4	污水处理工艺流程	小学高年级
5	泰和污水处理厂出水能养鱼吗	小学和初中
6	有机污染	初中、高中
7	污水处理的流程	初中、高中
8	中国地表水的分类	全年龄段
9	学当一名小导游	小学高年级至高中

作为第四批全国环保设施和城市污水垃圾处理设施向公众开放单位，泰和污水处理厂每年接待各类参观考察团体近 2000 人。厂内有序开展参观接待工作，已形成了标准化的接待流程。

在这里，一片生机盎然的公共绿地正向市民免费开放，种类繁多的绿化苗木形成了四季有花、色彩丰富的完整景观系统；不仅如此，这里还修建了人工湖、木栈道、景墙、景亭、厕所等设施。而为了进一步提升市民的使用体验，文娱设施也一应俱全，市民可以到这里的羽毛球馆、五人制足球场、儿童娱乐设施、健身步道、野趣迷宫等场所互动、锻炼、健身、体验乐趣，住在周边的居民都说，有了开放的泰和污水处理厂，生活幸福指数都提高了不少。

除了休闲娱乐，泰和污水处理厂的开放还有一个更大的目标，就是让公众增进对污水处理和环保工作的认识与了解。为此，泰和污水处理厂特别设置了科普教育基地，在这里，参观者可以通过触摸屏、VR 眼镜等设备，深入了解污水处理的全过程，感

学生参观体验科普馆内的多媒体设施和沙盘模型

受科技在环保领域的应用。同时，展厅还设置了多个互动环节，让参观者在参与中加深对环保知识的理解。

构筑物的立体画呈现也是泰和污水处理厂的一大亮点。通过专业的绘画团队，污水处理厂原本封闭的池内结构可以通过立体画的形式展示给参观者，而为了让参观者更加直观地了解尾水的处理效果，泰和污水处理厂特别设置了尾水至可饮用水的体验环节。经过专业的设备和技术处理后，原本混浊的尾水竟然能够净化至可饮用水的标准。参观者无不惊叹污水处理的神奇。

启示

泰和污水处理厂除了在整体建设上贯穿“绿水青山就是金山银山”理念，同时肩负起传播环保理念的重任。定期开展公众开放活动，将居民请进来，丰富的互动体验让居民切身体验现代化的污水处理厂，增强了居民对污水处理厂的信任感和认同感。公众开放活动从根本上改变了居民对污水处理设施根深蒂固的偏见，成为污水处理设施与居民和谐共生的典范。

供稿 | 上海城投污水处理有限公司泰和污水处理厂

植物园式的污水处理厂，你见过吗？

导读

吴淞污水处理厂始建于 1988 年，1990 年建成投运，占地面积 103 亩[1]，服务上海市宝山区吴淞和海滨地区的居民用水处理，设计处理能力 4 万立方米/天，服务面积约 770 公顷、服务人口约 20 万人。

2016—2019 年，吴淞污水处理厂进行改造。改造后，吴淞污水处理厂成为上海首座植物园式现代化污水处理厂，用植物和人工根系构建水生态处理，变为沪上环保设施开放单位中的“网红打卡地”。

吴淞污水处理厂俯瞰图

环境优美堪比植物园的污水处理厂，你见过吗？在吴淞污水处理厂内，就有不少市民在林荫大道上漫步，细嗅花香，静听鸟语，亲眼见证了生活污水通过该厂处理后，变得清澈后再排入河道，这样的切身体验也让市民更加理解和支持生态环保工作。

吴淞污水处理厂既是第三批全国环保设施向公众开放单位，也是宝山区绿色教育基地，长期向社会开放，并定期组织“环保设施向公众开放”活动，邀请企业、社区、

[1] 1 亩≈666.67 平方米。

学校等单位前来参观，年接待参观数逾千人次。

吴淞污水处理厂还精心编制了公众开放方案，简化报名流程、创新展示手段，针对不同群体、不同层次公众制定精细化、定制式指南，逐步建立开放活动制度化、规范化、常态化机制，以开放活动充分激发公众参与环境治理的主动性。

参观前，先由安全员对参观者做进厂的安全告知，提醒参观者各类安全注意事项。进入参观环节后：首先，通过讲解和播放短片的形式让参观者了解污水处理厂的历史、城市生活污水处理流程和处理工艺等；其次，带领参观者到生化反应池实地观察学习食物链反应器（Food Chain Reactor，FCR）工艺并了解其特有的优势；最后，带领参观者到污水处理的末端工序——二沉池，经过净化处理的污水变得清澈后，部分用于中水回用灌溉厂区绿化，其余的最终被排入长江。

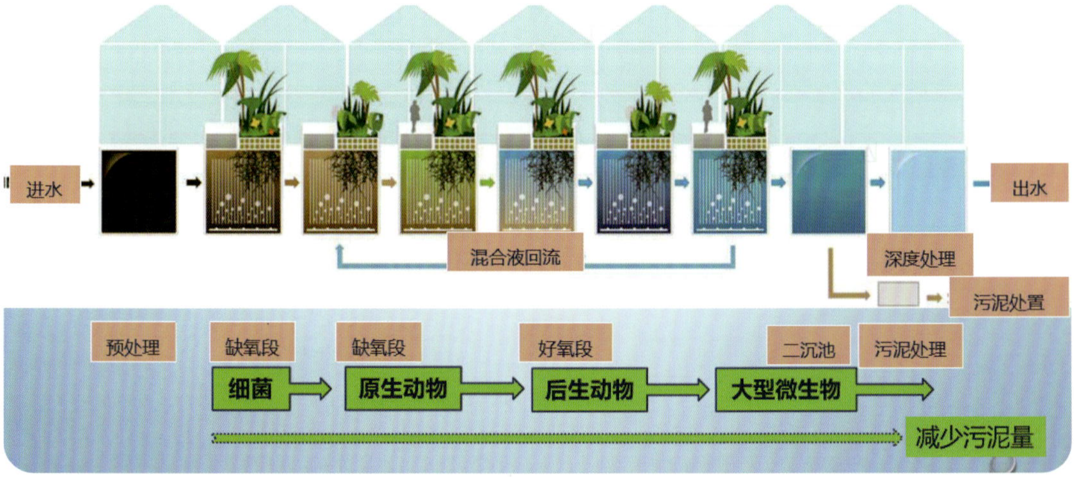

FCR 处理工艺流程

不仅“精雕细琢”线下开放流程，吴淞污水处理厂还制作了由本厂工艺管理员讲解的“云参观”视频，突破了参观人数、场地和时间的限制，让公众更直观地了解城市生活污水处理全过程。该视频一经推出，便在“学习强国”、东方网、宝山电视台等平台上广泛传播，讲解员张倩也在 2020 年荣获生态环境部授予的“百名生态环境讲解员”称号。

参观者前往生化池参观

参观者前往二沉池参观

启示

吴淞污水处理厂通过制作“云参观”视频，借助新媒体平台的传播方式，实现线下+线上“云”开放。同时，该厂还坚持将公众开放工作作为破解城市环保设施“邻避效应”的重要举措，通过开展形式多样的现场参观活动，主动把市民请进来参观这座现代化的植物园式污水处理厂，提高了市民对生态环保工作的理解度和认可度。

供稿｜上海城投污水处理有限公司吴淞污水处理厂

百年污水厂变身“活的”污水处理博物馆

导读

东区污水处理厂是上海百年排水处理和城市基建发展的缩影，是我国首批建造的污水厂中唯一保留下来、工艺流程完整、构筑物完好的污水处理厂。2009 年被授予“上海市科普教育基地”称号，2014 年被列入市级文物保护单位，2018 年被列入第一批工业遗产保护名录。

2023 年举办的“上海排水百年成就展”标志着这座百年老厂实现华丽变身。自那以后，东区污水处理厂在保留现有部分处理设施和处理能力的基础上进行改造，内设“历史馆”“时间廊”“未来馆”，正式成为集教育培训、行业展示、科技研发和行业交流于一体的排水科技园。

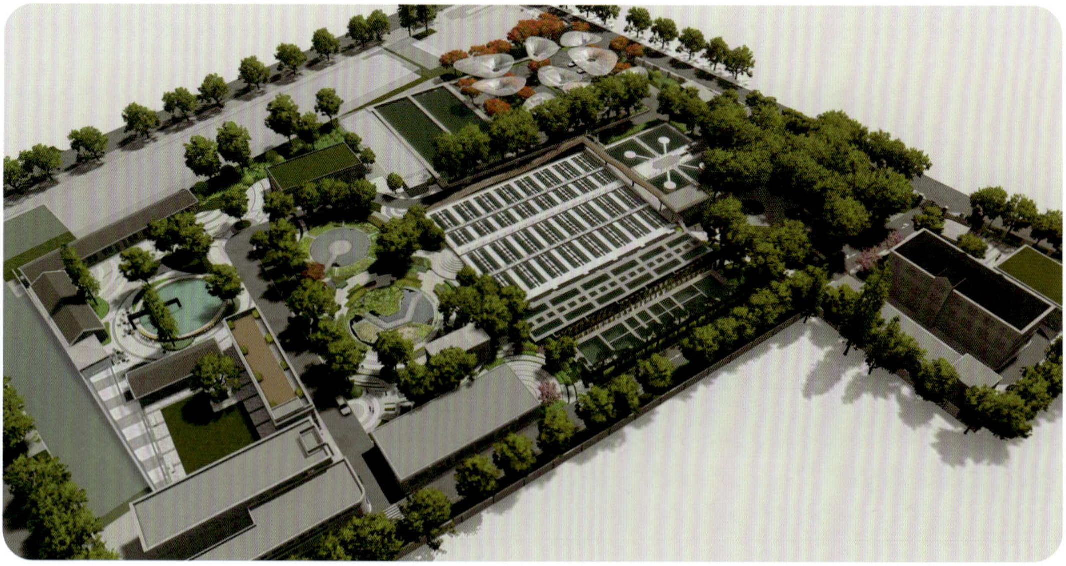

东区污水处理厂平面规划图

“活的”污水处理博物馆值得一看

走在始建于 1923 年的东区污水处理厂厂区，宛如进入了一片安静的园林，听它将自己的百年历史娓娓道来——东区污水处理厂是亚洲历史最悠久且仍在运行的污水处理厂，同期建设的北区和西区污水处理厂已经废弃，唯有东区污水处理厂仍在运行。进水泵房、曝气沉砂池、初沉池、生物反应池、二沉池、脱水机房、鼓风机房、变配电间、实验楼等构筑物，都保存完整并沿用至今，被称为“活的”污水处理博物馆。

而在这里，公众的参观路线也是跟随污水流动的轨迹进行的。参观者跟随污水流入、离心、沉淀、过滤等过程，能充分了解污水处理背后的工艺。每一处设施旁边也都贴心设置了指示牌，详细介绍了这些设施的功能与污水处理步骤。

在这座“活的”污水处理博物馆中，对公众开放的参与形式可谓丰富多样。有时，它变成了同学们校园之外的“第二课堂”。东区污水处理厂与杨浦区少年宫、中小学等协作，同学们可通过“空中课堂”了解水处理的知识，还能在实地参观中见识污水处理厂的真实运作，线上线下的结合对学生而言是很棒的体验。近距离了解后，同学们对污水的净化之旅有了更直观的认识，也

重回百年老厂活动现场

由上至下、由左至右依次为实验楼、鼓风机房、初沉池、辐流式二沉池

更能理解爱水护水的重要性。2023 年，东区污水处理厂获杨浦区劳动教育中心授予的“杨浦劳动教育社会实践基地”称号，成为“中小幼（职校）劳动教育上海杨浦实践基地”。

此外，基地还与高校共建开展产学研活动。东区污水处理厂与同济大学、上海电力大学等多家高校开展产学研互动。基地不仅作为教学实习基地，为大专院校学生走出校园提供实地学习污水处理知识、深入了解污水处理工艺的机会；还联合高校共同开展国家水专项、市科委、公司级等各个级别的水处理方面的科研课题研究，让产学研深度融合。

基地还不定期开展文化和自然遗产开放日等活动。作为市级文物保护单位，国家

参观未来馆

文创产品“水韵华章”

工业遗产名录单位，在每年的文化和自然遗产日，东区污水处理厂也会面向公众开放。让广大市民与文物建筑零距离接触，沉浸式品味城市文化历史。通过云答题送文创，增加市民参与的积极性。在此基础上，还自编自制宣传手册和折页，与杨浦区文化和旅游局合作，制作东区污水处理厂人文介绍视频，以让更多人了解工业遗产、了解城市工业的发展。

“上海排水百年成就展”于 2023 年 12 月 1 日在东区污水处理厂举办。这场展览以“两廊一馆”的形式，在上海排水发展百年之际面向公众呈现了一场主题展。在“历史馆”中，通过老物件、室内场景、访谈视频和展板图文回顾上海排水发展变迁。

基地还与街道社区开展共建活动。通过制作海报、水处理知识宣传手册和调研问卷向公众普及水知识、增强水资源保护意识。让市民了解水质安全知识，鼓励市民通过减少污水排放，关注参与河流湖泊保护等方式，为减少水污染、保护水环境贡献自己的力量。

启示

行业展示、教育培训、技术研发、行业交流“四位一体”的百年排水科技园，不仅是排水行业的“新地标”，也让更多市民关注到环保设施，并了解其重要性，使其成为人与自然和谐共生的城市生活的典型案例。

多年来的科普宣传也为东区污水处理厂积累了良好的口碑，其不仅收获了许多青少年“粉丝”，还受到了市水务局、市生态环境局、市科委、工业旅游促进中心及 NGO 等官方和民间组织的青睐，成为热门打卡点。

供稿｜上海城投污水处理有限公司东区污水处理厂

水“行”记——带你亲历污水变清水的神奇之旅

导读

上海松申水环境净化有限公司成立于 2001 年 7 月，占地面积约 165 亩，总服务面积为 89 平方千米、服务人口约 55.93 万人。公司专设“污水变清水的神奇旅程”项目面向中小学参观者，让参观者可以零距离地了解污水处理的全流程。

2021 年，上海松申水环境净化有限公司被列入第四批全国环保设施和城市污水垃圾处理设施向公众开放单位名单；2022 年，被列入松江区环境教育基地名单，基地免费开放，可通过预约参观。

松申公司全景

2013 年，上海师范大学附属松江实验小学的同学们来到了上海松申水环境净化有限公司（以下简称松申公司），参加水“行”记，亲历了一场污水变清水的神奇之旅。

同学们首先集体观看了精心准备的污水处理工艺宣传短片，公司的专业工作人员对重点工艺流程进行了详细的讲解，生动简明的短片和工作人员诙谐幽默的讲解，让同学们对污水处理的实际流程有了初步清晰的认识，对污水处理中的生化处理、沉淀和消毒等关键环节也有了基本的了解。

随后，在生产运行部负责人的带领下，同学们有序参观了粗格栅、进水泵房、生物反应池、二沉池、深床滤池等污水处理设施。在参观的过程中，工作人员向同学们细致地讲解了各个设备在污水处理过程中的作用，同学们近距离观察了污水处理设备和工艺流程，从一级、二级、三级处理中直观感受水从污变清的全过程。工作人员讲解道，污水处理包括物理、化学和生物三大类处理方法。物理处理涉及沉淀、筛分、过滤等；化学处理常用的方法有氧化、中和、混凝等；生物处理则是利用微生物降解有机污染物。

实地参观结束后，为进一步加深印象，工作人员又以“污水处理工艺流程”为题，从“水处理基本知识”“工艺流程介绍”“工艺管理要点”三方面介绍松申公司的污水处理的运作。水处理的过程强调高效性与稳定性，重视工艺设备的正常运作和维护，确保每个处理环节按照设计标准运行，防止出现意外排放。

学生依次参观粗格栅、进水泵房和生物反应池

同学们还参与了测试水样 pH 及观察微生物的现场实验活动。老师及工作人员协作，向同学们展示了采集的污水样本，讲解了样本观察的基础知识，并指导他们如何正确使用显微镜。随后，同学们用显微镜仔细观察二级处理污水水样，并发现了其中的草履虫、钟虫等各类微生物。工作人员细心地给他们讲解了微生物在污水处理中的

作用以及现代污水处理技术中如何利用微生物以环保高效的方式使污水变净，加深了同学们对污水处理的了解。

最后，同学们与现场工作人员进行了积极的交流，并提出了一些在参观中发现的有趣问题，例如，二沉池为什么是圆形的？二沉池堰口为什么是锯齿形的？反应池的污水为什么是像泥一样浑浊的？工作人员耐心地一一解答了同学们的疑惑，并向他们讲述了更多污水处理的小知识。

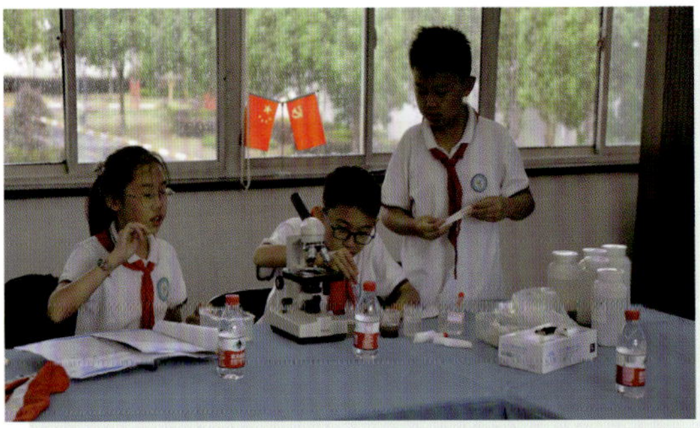

学生用显微镜观察水中微生物

学生听取污水处理工艺流程的讲解

启示

从观看污水处理工艺宣传短片、了解污水处理的相关知识，到参观厂区内的污水处理设施、动手完成测试水样观察微生物的实验，松申公司的水“行”记——带你亲历污水变清水的神奇之旅，活动以更加有趣生动的方式，让参观者通过实地参观和实践操作，深入了解污水处理的基本流程与现代污水处理的设施技术，加深了参观者对环境保护的实际认识，激发了他们对绿色环保的主动性和积极性。

供稿｜上海松申水环境净化有限公司

敞开大门，让污水处理厂从“邻避”变为“邻利”

导读

虹桥污水处理厂地处长宁区、闵行区交界处，2018 年年底建成通水，占地面积约 11.5 公顷，设计污水处理规模为 20 万立方米/天，服务面积约 67 平方千米，服务人口为 50 万～55 万人。厂区秉持“绿色低碳”“环境友好”的理念，全面打造新型半地下式污水处理厂，在厂房设计方面，采用半地下浅埋布置形式，厂房顶部覆土并种植绿化，全厂绿视率达 90% 以上。

自投入运行至今，厂区已接待社会各界专家学者、师生和市民的来访参观，每年约接待 800 参观者，2023 年被授予“上海市环境教育基地”荣誉称号。

屋顶花园

这些脏水处理好后都流向了哪里？处理好的水还能用来做什么？前来虹桥污水处理厂参观的七宝二中的同学围着工作人员抛来“连珠炮”式的问题。工作人员则在现场耐心地为同学们答疑解惑，一边用模型实验器材对整个污水处理流程做讲解，一边向参观者提供污泥处理后做成的“泥饼”和出水水样，加深了同学们对污水变清流过程的认识。在整个参观过程中，同学们都兴趣十足、聚精会神地听着讲解。

参观虹桥污水处理厂屋顶花园

在虹桥污水处理厂，市民可以随意参观城市污水处理设施，包括生产一体化箱体屋顶绿化、出水展示区、污泥处理区、中控室等。而通过将污水处理、污泥处置工艺及环保设施运行指标对外公开，虹桥污水处理厂也将“邻避效应”有效地化为“邻利效应”，赢得了社会公众对污水处理工作的理解和支持。

在例行的线下参观过程中，虹桥污水处理厂的工作人员首先带领参观者至中控室观看科普视频，讲解污水处理过程和污泥运输过程；其次，带领他们深入厂区内部，通过展板让参观者认识了虹桥污水处理厂的概况和发展历程；最后，带领参观者依次参观屋顶花园、进水区、出水区、板框车间、沉沙池、生物反应池等构筑物预处理设施，真实地了解虹桥污水处理厂中各类精湛的新工艺。

每逢“世界水日”“中国水周”“六五环境日”等环保活动日，虹桥污水处理厂都会重点进行宣传污水治理工作。他们还成立了“益民志愿者服务队”，通过向市民、学生宣传环保知识，为不熟悉污水处理行业的市民和学生打开了启蒙的大门。近年来，虹桥污水处理厂还利用自身的区域优势，同闵行区、长宁区共建，联合开展“美丽河道、春暖新泾”科普宣传志愿者活动，六五环境日宣传、“让地球生机勃勃，让家园绿意融融”环保宣传科普等活动，宣传水环境保护知识，向周边社区市民发放环保宣传册。虹桥污水处理厂每年开展志愿者服务活动，服务受众约 2 000 人次。

参观出水区

参观中控室

参观催化还原池

参观污泥处理区

启示

虹桥污水处理厂始终秉承“承担社会责任，积极宣传环保生活”的宗旨，在切实保障污水厂稳定运行实现环境效益的同时，也积极通过“环保设施公众开放日”等活动，致力于发挥科普教育的社会效益，通过不断探索拓宽公众参与水环境保护的途径，提升公众对水环境保护的认知度，教育引导公众节水、爱水、护水，积极营造全民参与保护水环境的良好氛围。

供稿｜上海城投污水处理有限公司虹桥污水处理厂

智慧水厂公众开放有“名堂”

导读

上海友联竹园第一污水处理投资发展有限公司是一座现代化大型城市污水处理厂，主要承担着上海普陀、长宁、静安以及黄浦、虹口、杨浦、浦东外高桥的部分生活污水和合流污水处理，污水处理能力约占整个上海市中心城区污水处理量的六分之一。

近年来，公司结合工艺特点，深挖环保宣传资源，培养高素质讲解队伍，畅通多样化开放渠道，不断完善宣传机制、拓展开放空间、优化接待流程，塑造了特色鲜明、形式多样、效果显著的环保设施对外开放宣传品牌。

开放工作方案准备充分、面面俱到。历时 6 个月，上海友联竹园第一污水处理投资发展有限公司从零做起，专门设计了宣传展厅，展厅为包含企业简介、工艺流程、特色亮点、绿色发展等内容的多媒体数字化展厅。其中，利用厂区 3D 模拟沙盘和污水处理流程演示视频，以光影联动演绎，生动形象地模拟了污水处理、污泥处理、除臭工艺等流程，生动展示

公众开放参观路线

污水处理前沿技术应用场景，帮助参观者更加深刻具体地了解污水处理的过程，以增强参观者节水、爱水、惜水、护水的意识。讲解员队伍是一支以高级工程师、青年工匠、技师等业务骨干为主体组建的高素质讲解员队伍。讲解团队还经常参加浦东新区科经委举办的科普讲解培训，前往白龙港污水处理厂的展厅进行学习交流，不断提升自己的讲解水平，并及时更新知识点、持续强化服务意识。

同学们参观宣传展厅内的科普长廊

根据不同的参观群体，上海友联竹园第一污水处理投资发展有限公司有针对性地制订参观方案，各有侧重、层次清晰地宣传生活污水处理知识和数字化污水厂运营情况。例如，与同济大学、上海大学、上海理工大学等高校达成合作关系，建立学生实习实践基地，依托“世界水日”“中国水周”“六五环境日”等重大环保活动日，接待各学校的大中小学生参观，以通俗易懂的语言宣讲污水处理流程、工序运行原理、中水回用情况、异味产生的原因及采取治理措施等内容，使参观者直观感受污水经过处理后的变化，他们一直致力于将此地建设成培育学生环保意识的科普教育基地。

另外，自开展对外开放活动以来，每年还会有数十家政府机构和同行企业前来交流参观，上海友联竹园第一污水处理投资发展有限公司则侧重分享光伏建设、中水回用、安全文化建设等方面的有益经验做法，助力共同推动水务行业的创新发展。

沪东职业学校师生参观智慧水务平台

上海理工大学学生到厂区参观

在积极接待学校、企业等群体进入厂区参观环保设施的同时，该公司还与高东镇、沪东新村街道等单位联合，积极参与高东镇等周边街镇举办的各类环保主题活动，通过现场讲解、发放环保布袋等方式，宣传环保知识，倡导绿色生活方式，进一步增强社区群众对生态环境保护的认识和理解。在社区开展的科普讲座上，工作人员用通俗易懂的语言向公众讲解污水处理的科学原理和环保意义，鼓励公众参与到水资源的节约和保护中。

启示

上海友联竹园第一污水处理投资发展有限公司开展了一系列环保设施开放与科普活动。面向在校师生开放环保设施，深入浅出地讲解污水处理知识，累计接待超过 1 000 人次，在年青一代人心中播下生态文明的种子；接待党政机关和企事业单位的来访累计超过 120 批次，分享公司在污水处理领域的技术经验，助力水务行业高质量发展；此外，该公司还充分利用社会环保宣传平台，与街镇社会团体联合举办各类主题宣传活动超过 30 场，从而大幅增强了公众的生态环保意识。

供稿｜上海友联竹园第一污水处理投资发展有限公司

敞固废处理之门
解锁资源新生

垃圾分类，从“科普参观”到“亲身研学”

导读

天马无废低碳环保产业园位于上海松江区佘山镇内，是上海环境集团股份有限公司打造的集处置与循环利用、核心技术研发、环保人才培养、科普宣传展示、环境友好体验于一体的多功能一流现代化综合园区，被纳入首批全国环保设施和城市污水垃圾处理设施向公众开放单位名单，也是国家级绿色工厂和上海市环境教育基地。

园区设有参观通道，工作人员精心布置了垃圾分类收集及处理的科普展示馆、VR 体验区域等，通过科技赋能设计各种应用场景，让参观者能够充分了解生活垃圾分类投放、分类收集、分类运输、分类处理的全过程，从而更深刻地理解“绿水青山就是金山银山”的内涵。

在天马无废低碳环保产业园参观，可谓“移步换景”。“科普展示 + 工程设施”相融合的沉浸式科普形式贯穿了整个展示大厅。

在展示大厅一楼和二楼，参观者可以近距离地观摩园区沙盘模型，了解生活垃圾分类和垃圾焚烧处理等相关知识。

在三楼中控室，参观者能隔着玻璃观看园区“大脑”，通过大屏监控了解垃圾车卸料、焚烧炉的实时燃烧情况以及炉渣处置和发电情况等；沿着参观展示廊道，不仅能看到焚烧炉、余热锅炉、汽机间及焚烧发电全流程图的展示，还可以看到炉渣、螯合剂、炉渣成品砖等实物展示。

四楼展厅则是多媒体互动区，设有垃圾分类、知识问答、骑行发电等十大互动模块。墙面上设有投影互动系统，将影像投射墙面，加上布置的感应装置，用可互动的画面和声音吸引参观者“亲身试一试”“互动玩一玩”，让参观者，尤其是学生群体在这里享受到有趣的互动学习体验，营造出具有趣味的多媒体互动环保新体验。

学生体验低碳骑行发电设备

在六楼展厅的垃圾吊控制室内，参观者还可以隔着钢化玻璃实景观摩垃圾储坑，仔细观看操控员熟练地控制“垃圾大抓手”，将经过发酵的8～10吨生活垃圾一把抓起投放至焚烧炉投料口，快速地完成一系列倒料进料操作。

学生使用多媒体屏幕参与垃圾分类小游戏

这一系列“图文并茂、实物展示、游戏互动、虚拟体验、DIY 手工”相结合的科普展项，让参观者直观地观察到了生活垃圾从源头分类到末端处置全过程工艺流程。

同时，天马无废低碳环保产业园还利用新媒进行宣传，除进入实地参观外，还推出了云参观、绿螺讲堂直播等形式多样的线上公众开放活动，让广大群众“零距离”体验科普展示、参加环保小游戏等，让公众对生活垃圾焚烧发电有了直观的了解和全面的认识，明确了生活垃圾分类工作的责任和义务，从而进一步增强了公众自觉爱护环境的意识。

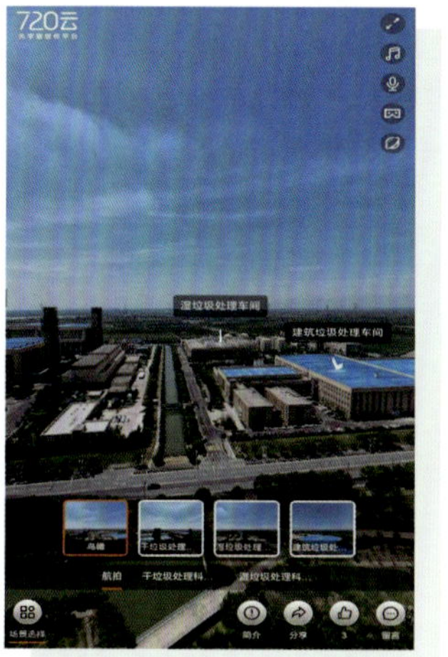

VR“云看馆”平台截图

不仅如此，天马无废低碳环保产业园 VR“云看馆”平台也已搭建完成，市民们只要“动动手指”，在手机上就能观展。进入“云看馆”VR 场景后，市民不仅能够“走进”参观大厅，看到园区及周边的缩影沙盘；还能“来到”中控室，看 DCS 控制系统如何操控全园区的设备，来一场酣畅淋漓的园区“云旅游”。

启示

天马无废低碳环保产业园自 2016 年投产运营以来，不断加大开放力度，加强宣传科普广度，做细做精公众开放模式，已先后接待国内外来访参观 1 115 批次，总计 26 729 人次。2021 年、2022 年连续入选联合国环境署和循环经济手册、《上海报告 • 2022》世界城市日典型案例等。先后被评为“上海市优秀环保设施开放单位”和“全国十佳环保设施开放单位”，为环保企业如何更好地承担社会责任，积极履行向公众开放的义务，树立了很好的典范。

供稿 | 天马无废低碳环保产业园

一起来看“大胃蛙”怎样吃掉湿垃圾

导读

上海玖霖环保科技有限公司（以下简称玖霖环保）是一家致力于城乡有机废弃物无害化、减量化、资源化处置与技术工艺推广普及的公司。2020 年以来，公司自筹资金 300 余万元，建设了垃圾分类科普场馆、松江区新浜镇餐厨垃圾分布式生物处置示范区及新浜镇园林残枝有机废弃物处置中心，并开发制作了“垃圾去哪儿啦”“建设美丽城乡”“绿色低碳循环”等多个科普教学视频。

作为环保设施开放单位和上海市环境教育基地，玖霖环保四年来累计接待参观人员 600 多批，累计 7 000 余人次，各级媒体报道 10 余次。

来到垃圾分类科普场馆，参观者首先进入的是垃圾分类政策与知识科普厅，展厅面积近 160 平方米，可同时容纳上百人参观。展厅共分为 4 个区域：“垃圾去哪儿啦”“分布式城乡生态循环系统”“有机废弃物处置方法”“湿垃圾生物处置案例”，用 300 余张图片向参观者科普垃圾从产生、投放、收集、运输、处置的全过程，以及主要处置方法的利弊和对环境的影响。

公众参观垃圾分类政策与知识科普厅

在展厅中央，有一台“大胃蛙”湿垃圾处置设备，这是一台将湿垃圾分解发酵变为肥料的机器。油污、瓜果皮、剩饭剩菜等湿垃圾均是“大胃蛙”最爱享用的“食物”，参观者可以现场体验食物残渣变废为宝的过程。有关餐厨垃圾的气味问题，现在有一个既环保又便捷的处置方式，就是将垃圾丢进“大胃蛙”湿垃圾处置设备，设备中 90% 的湿垃圾都被分解了，且无污水及废气排放，剩下的垃圾残余富含有机质，是很好的有机肥料，可以用来给园林绿化施肥。讲解员声情并茂地讲解着。

“大胃蛙”湿垃圾处理机

简单的知识科普远不能满足公众的需求，还须深度体验和实践才能吸引更多公众、企业、社会组织前来参观。在展厅参观学习之后，导游带领参观者来到新浜镇胡家埭村。玖霖环保在该地点设立了一个餐厨垃圾投放体验区。该区域配备了醒目的标志和清晰的投放指南，引导公众正确分类投放餐厨垃圾。该体验区还引入了积分制度。公众可以通过公司准备的专用 IC 卡或者微信扫码打开垃圾投放窗口，公众按指示向投放窗口投放垃圾，在公众投放餐厨垃圾后，处理设备将自动对所投放垃圾进行称重和分类检测，不足 100 克不给积分，分类检测合格且垃圾投放量在 100 克以上，将获得相应的积分，分类检测不合格将扣除相应的积分。积分累积到一定数量，公众可以在旁边的礼品柜中，兑换自己心仪的礼品。

这里最热门的展品还要数胡家埭垃圾分类示范点，许多市民都带着孩子前来体验餐厨垃圾的新处置方法。随后，参观者还可以前往位于新浜镇新工路的镇级农林废弃物资源化处置中心，这是玖霖环保自建的另一个教育体验馆。参观者可以与工作人员一起，体验将农业秸秆、园林残枝、烂菜叶、腐烂瓜果等放入“孺子牛”农业秸秆制肥设备，体验完成后，还能收获到一包处置设备产生的有机肥。

此外，玖霖环保还以“请进来、走出去，线下线上相结合”的方式开展了一系列活动。“走出去”到社区居委会、村镇、学校，开展了60多场次推广活动。例如，2023年6月，玖霖环保参加了松江区“六五环境日”环保集市活动，将“大胃蛙”带到活动现场，让公众零距离体验湿垃圾变废为宝的过程。

市民争相参观胡家埭垃圾分类示范点

市民在有机废弃物处置中心参观

启示

作为环保设施开放单位，玖霖环保能够主动承担起企业的社会责任，通过建设线下场馆、制作教学课件视频等方式开展生态环境科普，并且积极支持和参与政府主导的各种活动。该案例很好地体现了以“政府为主导，企业为主体，公众共同参与”的环境治理体系，通过政府、企业、公众三方紧密配合，将“环保设施向公众开放”项目向更深层次推进。

供稿｜上海玖霖环保科技有限公司

探秘湿垃圾“变废为宝”的神奇旅程

导读

由上海文鑫生物科技有限公司运营的闵行区餐厨再生资源中心，是上海市专门进行餐厨垃圾资源化利用和无害化处理的餐厨垃圾处置厂，总设计处理规模 600 吨 / 天，一期工程为国家发展改革委与住房和城乡建设部确定的国家首批餐厨试点项目。

在这里，参观者可以体验到湿垃圾进行预处理、好氧发酵制肥及最终通过生产土壤调理剂“变废为宝”的全过程。2019 年，闵行区餐厨再生资源中心获得上海市环保“三年行动计划”优秀项目称号。

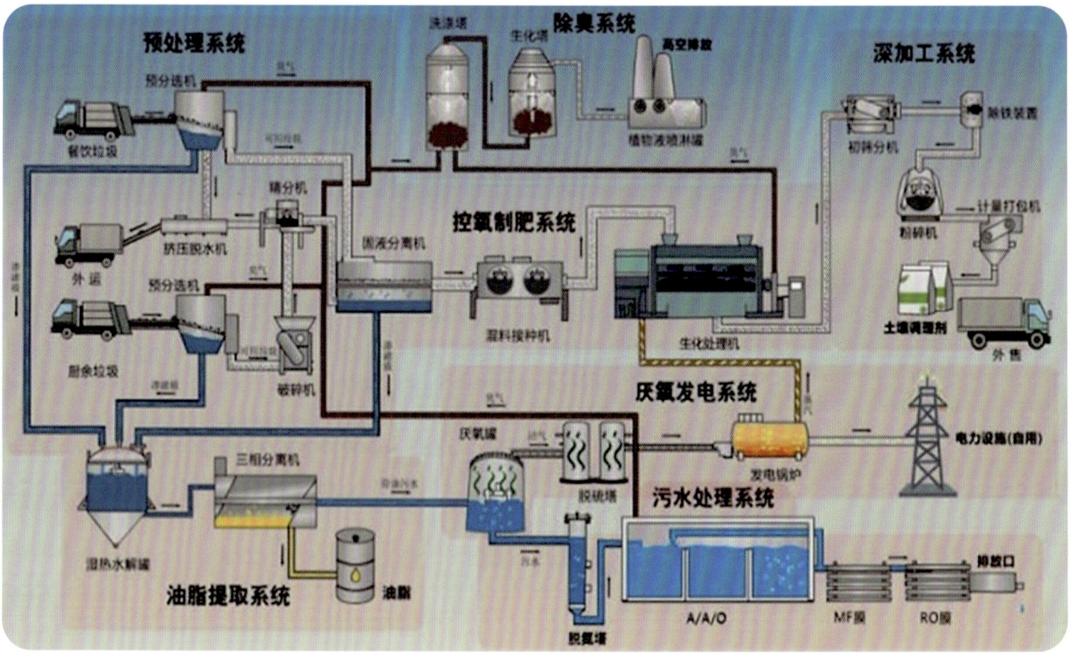

闵行区餐厨再生资源中心生产工艺流程

近距离观察土壤调节剂厂成品

参观者探秘湿垃圾“变废为宝”的旅程开始于闵行区餐厨再生资源中心办公楼内的讲解大厅。在这里，结合高清视频、精美图册以及图文并茂的讲解图板，专业的讲解人员用生动有趣的方式，为参观者详细介绍餐厨废弃物处理的整体流程、技术创新及环保理念。参观者表示，这种视听结合的方式能让他们轻松地掌握知识，对餐厨废弃物处理也有了初步的认识。

接下来，就进入了具体生产流程的讲解，讲解人员带领参观者来到厂房的参观走廊。宽敞明亮的走廊沿途设有多个观景台和实物展示点，参观者可以沿着走廊一路前行，亲眼看见餐厨废弃物从卸料口进入生产线，经过预处理分选、生化机发酵、深加工筛分提取等多个环节，最终变成高附加值的土壤调理剂或有机肥。通过现场观摩，参观者对餐厨废弃物处理的过程有了更深刻的了解。

走廊沿线的实物展示点主要展示餐厨废弃物处理的最终产品，产品包括适用于各种土壤条件的土壤调理剂、有机肥及附属产品等。通过近距离观察这些产品，参观者更深刻地了解了餐厨废弃物的利用价值。

启示

在环保理念越来越深入人心的当下，作为资源循环利用的重要环节，餐厨废弃物处理设施的运营情况和公众透明度日益受到关注。为了让来访者能够深入、全面地了解餐厨废弃物处理的工艺流程，通过精心打造的参观开放区域，为公众提供了一次难得的了解废弃物利用价值的机会，让他们能够直观、生动地感受餐厨废弃物变废为宝的神奇过程。该项目自开放以来，累计接待参观人数已达 7 000 人次。

供稿｜上海文鑫生物科技有限公司

这个展馆被称为“垃圾分类教科书”

导读

上海新时尚·垃圾分类科普馆是目前上海市嘉定区唯一全面展示各类垃圾处理及治理方法的科普展馆。科普馆周边设有生活垃圾、湿垃圾和建筑垃圾处置项目场地，参观者可在现场看到不同垃圾的处理工艺及设备。2019 年起正式对外开放，该科普馆是上海市重要的科普教育基地和精神文明建设基地。

上海新时尚·垃圾分类科普馆一大亮点就是其新颖的多媒体展项设备。每周一至周六，科普馆都在 9：00—16：00 对公众开放，展厅分为六大板块，分别为序厅、城市之殇、我们在行动、引领新时尚、多功能厅及循环创意乐园。通过这些展板展项和互动游戏，参观者能够全面了解到各类垃圾的处理及治理方法。

在展馆内，不仅集中展示了习近平总书记关于生态文明建设和垃圾分类的重要指示，还有五环工作体系动态灯箱，全面展示了嘉定区的垃圾分类工作特色；同时，通过塑模沙盘展示了嘉定区垃圾从产生、运输到处置的模拟流程，搭配多媒体设备，呈现干垃圾、湿垃圾、建筑垃圾处理工艺等工艺流程。此外，展馆内还设有嘉定区垃圾分类吉祥物——萌芽熊、垃圾分类专题青少年互动区、建筑垃圾 3D 打印模型、环保纸再生艺术椅、餐厨垃圾发酵日用品等，让参观者能系统地了解和体验垃圾循环再生给人类带来的好处。

为了满足不同人群的参观需求，科普馆采用精细化和人性化管理，科普馆设计了三条参观路线，最大限度地展示出科普馆的特色与优势。除各科普展项外，参观者还能通过展示窗实景参观公司各车间的工作过程，获得全新的视觉体验。

2023 年，科普馆以科技节活动为契机，开展了以“新征程、新科技、绿色环保”为主题的环保科普活动。通过环保设施公众开放小程序免费向市民开放，现场准备了丰富的 DIY 环节，包括“我的绿色梦”“环保服装秀”“环创科技小发明”等。其中“我的绿色梦”活动深受同学们欢迎，在现场，同学们主动用废旧材料创意设计自己心目中的地球形象，以此呼吁外界要保护环境、爱护地球。在利用旧家具组合打造的生态

同学们观看塑模沙盘

同学们参观垃圾处理现场

市民在现场参加“环保时装秀”活动

在这本无形的“垃圾分类科普教科书”中，还展示了环保科技成果，以让公众了解环保技术的发展和应用；组织环保主题讲座和互动体验活动，引导公众参与环保实践；利用新媒体，拓宽科普馆的受众范围……这些做法很好地提升了公众对环保的认知和参与度。

启示

科普馆坚持不断创新思路，联合社会各界，大力开展公众开放活动，努力打造科普馆品牌活动，逐步提升社会知名度，取得了良好的社会效益，被誉为无形的“垃圾分类科普教科书”。科普馆已获得“全国环保设施和城市污水垃圾处理设施向公众开放单位”“上海市市级示范性科普场馆”“上海市环境教育基地”等多项荣誉。

供稿｜上海新时尚 · 垃圾分类科普馆

在这里，生活垃圾变成了城市的“电池”

导读

上海东石塘再生能源有限公司（以下简称东石塘）是上海市奉贤区垃圾终端处置中心，生活垃圾日处理规模为 1000 吨。该公司通过先进的垃圾焚烧设备和技术，除了可实现生活垃圾无害化、资源化处理外，余热还可用于发电，年发电量约 1.2 亿千瓦时。为了加强生活垃圾的科普宣传，让社会公众更深刻地了解垃圾焚烧发电的工艺，东石塘配套建设了上千平方米的环保科普基地，向市民免费开放。

走进东石塘主厂区，宛如来到了风景秀丽的公园。以海浪为造型的厂房外观新颖独特，行走在厂区，更是与绿色、鲜花、蓝天相伴，这里闻不到丝毫垃圾的臭味，扑鼻而来的是淡淡的花草幽香。

走进这座入选工业和信息化部“绿色工厂”的花园式工厂，参观者不仅能通过展览的图片和视频了解到垃圾焚烧处理“减量化、无害化、资源化”的环保理念，还能在多媒体趣味问答中不断加深对垃圾焚烧电厂的认知和了解。

东石塘室内科普展馆里的多媒体展项

进入焚烧厂内部，参观者便能看到整齐划一的厂区和布局合理的设施。厂内分为多个区域，包括垃圾接收区、焚烧区、烟气净化区、灰渣处理区等。每个区域都配备了专业的技术人员和先进的设备，确保垃圾从进厂到出厂的每一个环节都能得到有效处理。例如，在垃圾接收区，参观者一边看着垃圾投入高温炉膛中进行焚烧，一边听着工作人员的讲解，在这个过程中，先进的燃烧控制系统和自动化监测系统确保焚烧过程的稳定和高效，焚烧产生的高温烟气经过烟气净化区的处理后，其中的有害物质被有效去除，确保排放到大气中的烟气能够达到国家环保标准。同时，垃圾焚烧过程中产生的热能也被回收利用，转化为电能，为城市提供清洁的能源。在灰渣处理区，工作人员还向参观者详细介绍垃圾焚烧后产生的灰渣如何进一步处理。通过专业的分离和净化技术，有价值的物质被回收利用，无价值的灰渣则会被严格处理，确保不会对环境造成二次污染。

洪庙中学和南桥小学的学生参观垃圾焚烧工艺流程

东石塘动员全体员工积极投入科普教育工作，通过以身作则、口口相传等方式宣传推广环保理念和知识，除了邀请在校学生、企事业单位职工等上门参观外，还积极与各中小学校、社区进行联系，通过组织参观，宣传推广垃圾分类、资源再生利用等环保理念，开展了一系列环保教育的实践活动。

此外，东石塘还与奉贤区绿化和市容管理局、区生态环保局、属地政府等相关部门加强合作，依托政府的宣传平台和资源，以环保活动为载体，积极宣传垃圾分类、资源再生利用等环保理念，努力推动科普教育工作深入学生、深入群众、深入社会。

启示

上海东石塘再生能源有限公司以其高效、环保和可持续的处理方式，为城市的垃圾处理和资源回收利用做出了积极贡献。其先后获得 2017 年度上海市市政工程金奖，2019 年度工业和信息化部“绿色工厂”称号，2021 年度全国安全文化建设示范企业等多项荣誉。作为全国第三批环保设施向公众开放单位，东石塘通过建造环保科普展厅、规划详细的参观路线、配备专业的解说词宣传资料等方式，让公众近距离地了解了垃圾焚烧的工艺流程、环保措施以及在城市管理中的重要作用，加深了公众对垃圾焚烧发电工艺的了解与信任。

供稿 | 上海东石塘再生能源有限公司

“藏”在垃圾处理厂里的生态科普馆

导读

上海城投瀛洲生活垃圾处置有限公司是崇明区唯一一家集固体废物焚烧、固体废物填埋、危险废物填埋、餐厨处理于一体的固体废物末端处置单位。其下属的崇明固体废物处置综合利用中心是一家以垃圾焚烧发电为主的垃圾处理厂。

崇明焚烧厂厂区主控楼内部建有崇明固体废物处理科普教育基地，也称崇明新能源生态科普馆，主要面向中小学生展示崇明岛生态建设、垃圾环保发电、新能源利用，宣传环保理念和进行教育实践。

有这样一座“藏”在垃圾处理厂里的生态科普馆，它便是总投资 1 000 万元的崇明新能源生态科普馆，该馆展区面积共有 1 000 平方米，每周一至周六对公众免费开放。科普馆内设五大展区，分别为崇明岛生态建设展示区、新能源科普展示区、垃圾发电动态模型展示区、VR 互动游戏体验区及实地操作展示区。

同学们参观一楼展厅并观看科普视频

在科普馆一楼展区，通过视频展示及讲解员的讲解，前来参观的中小学生可以全面了解到崇明岛生态建设历程、崇明岛环保

同学们观看垃圾焚烧发电模型并听取讲解

学生体验 VR 及参加垃圾分类小游戏

学生参观垃圾吊装操作室

园林所退休职工参加垃圾分类宣传活动

规划措施以及岛上的垃圾如何生态环保地处置。来到二楼展区，同学们可以体验 VR，感受模拟高空观看整厂，也可以参与趣味垃圾分类游戏，及能源知识分类选择答题。讲解员通过垃圾工艺处理流程模具向学生们讲解了垃圾“一进四出”原理，并通过中控室一系列数据展示，让同学们直观地看到工厂排出的各项烟气指标均符合欧盟 2000 年相关标准。

在四楼垃圾吊装操作室，同学们可以看到操作人员的现场操作，如垃圾存储发酵、抓取投料、焚烧发电等一系列过程。讲解员向同学们讲解了崇明每天大约产生生活垃圾 500 吨，这 500 吨垃圾都会被运到这里焚烧。刚进来的垃圾需要发酵 3～5 天（冬天发酵 5～7 天）才能进行焚烧，机械抓手每次可以抓取 5 吨垃圾等。同学们问自家的垃圾是不是也在这里、为什么垃圾要发酵等问题，讲解员一一为他们做了解答。

城投兴港集团参观学习垃圾焚烧发电

启示

崇明新能源生态科普馆依托上海城投瀛洲生活垃圾处置有限公司自身独特的生态资源优势，整合各种生产要素，通过沙盘及动态模式LED展示、垃圾分类小游戏、虚拟互动等环节，为前来参观的市民提供了解固体废弃物处理和新能源利用的多样途径，以及崇明在生态环境保护中取得的成绩。由此带动参观者，特别是中小学生从我做起，以自己的实际行动掀起讲环保、爱环保、学环保、用环保的热潮。

供稿｜上海城投瀛洲生活垃圾处置有限公司

揭开危险废物处置背后的故事

导读

上海市固体废物处置有限公司成立于 2001 年 10 月，是上海市行政区域内首个集危险废物填埋、医疗废物焚烧、危险废物焚烧、医用一次性医塑回收利用和一般工业固废填埋于一体的集约化、专业化处理处置单位。其多次被授予“全国安全文化建设示范企业”“上海市环境教育基地”“上海市十佳环保设施开放单位”等称号。

站在上海市固体废物处置有限公司（以下简称固处公司）搭建的全厂区沙盘模型面前，通过精致小巧的模型的动态演绎，参观者可通过沙盘了解处置中心的全貌及医疗废物、危险废物的处置流程和相应的设备。参观者还可实地参观控制中心、焚烧线、危险废物填埋场、医用一次性塑料输液袋回收利用处理线等。在这里，参观者可以全面了解上海医疗废物处理项目的设计理念、建设历程，医疗废物收运处置全过程，稳定运营和精细化管理的具体举措，运营能力与服务能力，以及上海在医疗废物处置领域的技术创新、医疗废物管理环保效益和社会责任等。

讲解员通过沙盘模型向参观者介绍工艺布局

作为第二批环保设施向公众开放单位，固处公司针对中小学生、企事业单位职工、社区居民、高校及研究院所人员等多元化的受众，分别制订了个性化的开放讲解方案，针对性简化危险废物处置的专业知识点，以求用通俗易懂的语言以及灵动有趣的方式进行科普。固处公司除了开门欢迎来访者实地参观外，还主动“走出去”，深入学校、街道、社区开展以危险废物处置为主题的科普活动，进一步提升整个公众开放的宣传效能。

华东理工大学学生在“公众开放日”到访参观

深入社区开展面向市民的科普活动

在中控室向上海耀中外籍人员学校师生介绍焚烧线工艺

固处公司搭建的上海市医疗废物数字化平台，可全面覆盖上海市全部医疗机构，精准掌握每一箱医疗废物从哪儿来到哪儿去，以及运输途中的每个环节，通过将管理对象数字化，使医疗废物收运处工作更安全、更高效，同时，实现医疗废物全过程智能化、可视化管控。

介绍医疗废物焚烧线工艺流程

启示

在近两年的公众开放活动中，上海市固体废物处置有限公司以医疗废物焚烧线、危险废物填埋场为依托，通过讲解危险废物的基础知识、处理工艺以及环境治理设施的相关内容，让参观者对危险废物及危险废物处置有了全面的了解，再结合现场参观危险废物处理工艺、环保治理设施的形式，在实施公众开放的过程中，用环境保护理念引导参观人员在生活中也要自觉肩负起“环保卫士”的担当与责任。

供稿｜上海市固体废物处置有限公司

找寻电子废弃物的重生之路

导读

伟翔环保科技发展（上海）有限公司（以下简称伟翔）占地面积约 30 000 平方米，是一家专业从事电子产品及衍生废弃物的回收及循环再生利用企业，年处理废弃物能力达 4.5 万吨，具有电子废弃物处置利用的全段处理能力，于 2005 年 9 月正式开始运营。

伟翔是上海第一家全段式专业废弃电器电子产品环保处理处置企业，也是国家循环经济试点单位、高新技术企业、上海市清洁生产单位，获得“国家循环教育示范基地”“上海市科普教育基地”等多项荣誉。

通过在环保设施向公众开放小程序上进行预约，参观者就可以进入伟翔的厂区，实地了解电子废弃物处理的全过程；在科普互动展厅，陈列着各式电子废弃物模型及分解模型，可供参观；在 VR 设备中，访客们可以进行虚拟废弃物拆解体验；在科普环保小课堂，可以深入了解垃圾分类的意义与作用，从而增强环境保护的整体意识。

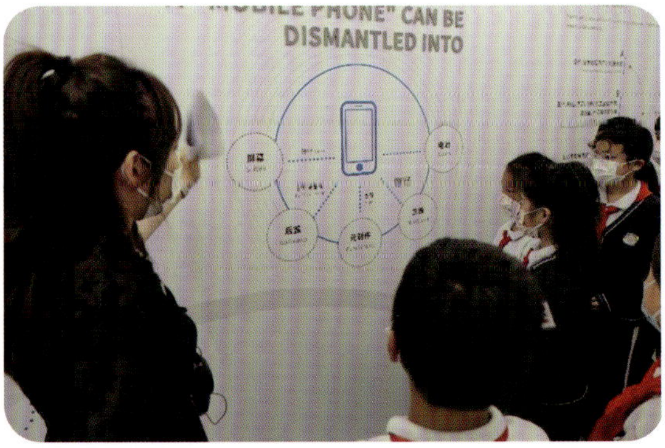

学生来访者在伟翔厂区内参观

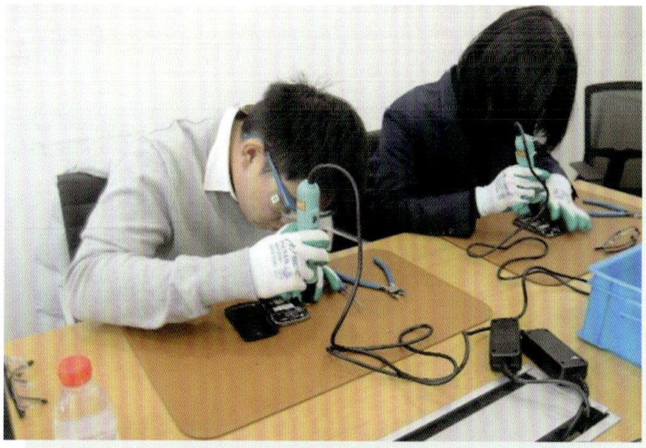

惠灵顿国际学校的同学参与电子废弃物拆解实践

长期以来，伟翔便通过与嘉定工业区团工委和嘉定工业区文明办的合作，在周边的学校、社区和工业园区开展电子废弃物兑换奖品活动。在活动现场，伟翔的工作人员会为参与者科普电子废弃物回收利用的相关知识，参与者可将家中的电子废弃物带到现场进行回收、兑换奖品，奖品通常为绿色植物、家用小工具和小电器等，这一活动深受参与者喜爱。

此外，伟翔还在不断探索多样化的内容和受众群体，致力于为广大中小学生提供丰富的实践活动和专业知识的指导。通过电子产品拆解、实验教学等内容，参观者可以直观地了解电子产品的内部构造以及再利用的可能性。通过这种亲身体验式教学，能够培养学生对可持续发展和资源利用的关注。

启示

通过开展厂区参观、电子废弃物兑换、学生科普实践教育等活动，伟翔环保科技发展（上海）有限公司拓宽了环保设施开放的公众参与渠道，使公众能全方位地了解废旧电子产品回收后处理全过程，让更多人意识到自己身边“放错地方的资源”，改变大家对废旧电子产品一扔了之的旧习，助力全社会开启资源回收再利用、“变废为宝”的循环利用模式。

供稿 | 伟翔环保科技发展（上海）有限公司

拓志愿行动之途
传递环保温情

志愿者队伍让环保设施“更近一步”

导读

上海闵行区环科垃圾分类服务中心（以下简称环科中心）是一家成立于2019年的非政府组织，主要开展以“垃圾分类”为主题的公益性活动。

2022年起，环科中心在上海市环境保护宣传教育中心“环保社会组织小额资助项目”的支持下，以“上海市志愿者服务网络”为依托，“共享”志愿者总队、区支队、街镇大队、居村中队等各级志愿者，以社区、学校和企业为节点，全方位地开展“环保设施开放”线上线下宣传，让环保设施离市民群众“更近一步”。目前，共开展各类活动20余场，直接参与人数1万多人，影响人数达100万以上。

借助多方力量，环科中心开展了形式多样的环保设施开放宣传活动，带领公众揭开环保设施的“神秘面纱”。

2024年“六五环境日”期间，环科中心携手上海市垃圾分类志愿服务总队，将环保设施向公众开放的活动带到上海的各大小社区，加大了推广的力度。例如，在黄浦区，环科中心联合上海市黄浦江管理站，在黄浦江畔将保护水资源和环保设施公众开放活动融合在一起，向中外游客普及宣传；在奉贤区，环科中心联合市总队，借“上海市垃圾分类志愿服务宣传日奉贤站”大型活动契机，在奉贤博物馆和恒贤联合小学分别增设了公益宣传展位，奉贤区各委办局、企事业单位、12个街镇和旅游区均组织参观者前来参与活动；在闵行区古美街道，现场很多市民咨询退休人员参观环保设施公众开放活动事宜、家长们咨询暑假期间如何带孩子参观，志愿者们一一耐心地讲解和介绍。“六五环境日”当天，环科中心还联合闵行区环境科学会、梅陇镇政府开展环保设施公众开放宣传活动。在七宝老街的活动现场，市民踊跃参与各类打卡游戏，驻足拍照留念，为环保设施公众开放活动出谋划策，留下了自己的“金点子”。

“共享”志愿者的做法也成功让环保宣传工作取得“乘法”效应。上海市垃圾分类志愿服务总队拥有72万注册会员，在开展本市垃圾分类工作的同时，志愿者也会寻找机会宣传环保设施公众开放活动。通过组织部分志愿者代表走进设施开放单位，让市民了解“垃圾去哪儿、污水去哪儿、危险废物该如何处置、环境监测那些事儿”等环保科普知识，再由这些志愿者对社区、学校、企事业单位以及身边的人群进行“二次传播”，成功地扩大了环保设施公众开放活动的影响力和覆盖面。

联合上海城管执法总队在静安区开展环保设施公众开放活动

在浦东新区世纪公园开展宣传环保设施公众开放活动

上海环保志愿服务总队在上海市生活垃圾科普展示馆参观学习

启示

借助环保社会组织的力量，环保设施在更广的范围内实现了对公众的开放。在上海市垃圾分类志愿服务总队的努力下，相关环保宣传活动基本覆盖了整个上海市，动员和组织全社会力量参与到环保设施公众开放活动中，具有一定的借鉴性和可操作性。

供稿｜上海闵行区环科垃圾分类服务中心

跟随“绿行者”走进环保设施

导读

2008 年起，上海市金山区生态环境局组建成立金山区生态环境“绿行者”志愿服务队，利用社会力量充实环保宣教队伍，在多年的服务过程中，志愿者服务队成长为一支具有较强专业知识的队伍。

2021 年起，“绿行者”进一步联合金山区科普讲师团，走进社区、学校以及环保设施单位，开展“绿色环保科普行”活动，通过科普讲师讲解、实地参观、现场答疑、举办讲座、座谈会等丰富的互动形式，让公众零距离接触环保设施。

据介绍，“绿行者”生态环保科普讲师团是环保设施公众开放活动的中坚力量。近年来，金山区生态环境局联动区内社会组织，邀请专家、区内部分企业负责人、环保专员等加入讲师队伍，共招募讲师近 30 名，其中年龄最小的仅 18 周岁，最大的 70 周岁，“绿行者”队伍在不断壮大中成长起来。这支富有活力的团队深入中小学、

2023 年金山区生态环境科普教师团培训现场

企事业单位、社区、农村、暑托班等，他们用通俗易懂的讲解和充满趣性的互动游戏，进一步拉近了公众与环保的距离，积极搭建社会公众了解参与生态环境保护的平台与桥梁。

为了取得更好的科普效果，“绿行者”经过精心策划，不仅让公众“亲眼看、亲耳听、亲身感”，还针对不同的参观群体，精准把握他们的需求，按需送“餐”，制定个性化开放套餐，让参观者在参观过程中有收获、不枯燥。

例如，从 2020 年起，每年中小学生都会走进金山区环境监测站，环保科普讲师团成员刘翔宇在带队参观中以“一场体检”为比喻，通过互动问答、趣味实验，孩子们从水、大气、噪声、土壤四个方面深入了解了环境污染对人们生活的影响，也深刻体会到保护环境的重要性。“绿行者”团队“别出心裁”地策划了一场环保设施开放活动——将一辆环境应急监测车开进了金山廊下幼儿园，通过将环保监测设备带进学生课堂的方式，辅以讲解演示、实物参观和科普讲座，旨在通过最直接的听、看、摸，萌发孩子们心中最初的生态环境保护意识；今年夏天，“绿行者”们利用“六一”节参与到金山区六一主题活动，利用显微镜的现场展示，让同学们近距离地观察活性污泥中的微生物。

“绿行者”志愿者团队组织小朋友参观污水处理厂

金卫幼儿园“探秘环境监测站”活动

近年来，“绿行者”志愿服务队还积极组织学生、社区居民以及来自各行各业的从业者们走进金兴污水处理厂、枫亭水质净化有限公司、绿邹环保工程有限公司、金山再生能源有限公司等环保设施单位，开展以“一滴水的净化之旅”“垃圾去哪儿了”等为主题的环保科普体验活动，广受公众好评。此外，为拓宽开放方式，让更多公众走近环保设施，“绿行者”志愿者队伍还在金山环境公众号开设环境教育基地专栏，详细介绍本地设施开放单位。通过“金山环境”社交媒体账号，环保设施可以向公众“云开放”，并通过网络互动、视频讲解、线上直播等形式，为大家带来全新的互动体验，“绿行者”们还录制了“云开放”视频，大幅提升了设施开放活动的参与人数。

启示

金山区充分发挥“绿行者”志愿服务队和生态环保科普讲师团作用，针对不同的参观群体设计不同的参观路线、讲解版本，以满足不同受众需求。自2019年以来，金山区共开放四类环保设施202次，有近万人参观。其中，环境监测类52次，城市污水类86次，城市生活垃圾处置类50次，危险废物处置类14次。开放活动既拉近了公众和设施单位的距离，又增强了市民体验环保、认识环保、参与环保的意识，深受广大市民的青睐。

供稿｜金山区生态环境“绿行者”志愿服务队

乘坐“生态巴士”沉浸体验城市生态之美

导读

2021 年起，由浦东新区生态环境局、浦东新区建设和交通委员会及浦东新区志愿者服务总队共同举办的浦东“生态巴士行”志愿服务活动启动。该活动面向社会公众免费开放，通过定制的浦东生态巴士带领参观者前往包括浦东新区环境教育基地和环保设施开放单位在内的多处生态空间，通过实地参观、讲解与互动，打造移动的生态环境教育场景沉浸式体验。截至 2023 年，该活动已经成功举办了三届，广受市民好评。

市民乘坐“生态巴士行”活动定制的新能源公交车

每到秋天，浦东“生态巴士”都要发车。这一活动通常在每年的 10 月至 11 月启动，面向全年龄段的市民公众免费开放。感兴趣、想参加的市民只需要打开手机、动动手指，在“生态浦东”微信公众号上预约，即可登上这趟特别的列车，来一场沉浸式体验上海生态之美的旅行。

据介绍，“生态巴士”是一辆辆外观独特的环保新能源公交车，每年要推出 2 条精心设计的主题路线，每条路线运行时长持续 1 个月左右。在活动期间，“生态巴士”

每天发车一次，每次能搭载约 30 名乘客，全程活动时间一般为 3 小时左右。

那么，这辆“生态巴士”会带你去哪些地方呢？据介绍，2021 年，“生态巴士行”活动的两条路线以“市容环境”和“水务、生态环境”为主题，参观国内最高（AAA）级垃圾焚烧发电厂（黎明有机质固废处理厂）和金海水厂等环保设施单位。

“共生家园”2023 浦东新区“生态巴士行”活动专场

2022 年第二季“生态巴士行”活动以“绿色生活”为主题，带领市民参观上海最大电子废弃物处置基地，上海新金桥环保有限公司和首批“国家环保科普基地”、浦东环境的窗口——浦东环境监测站。

2023 年第三季“生态巴士行”活动则是以“共生家园”为主题的青少年专场活动，向浦东新区各小学 3 ～ 5 年级学生发出邀请，在一个月左右的时间内共开设了 20 场活动。

启示

本案例巧妙地利用了“生态巴士”这一载体，较好地解决了环保设施向公众开放过程中，市民反映较多的“环保设施路途远，交通不便”问题。通过公交巴士带领民众穿行于城市之中，既能感受到陆家嘴、滨江大道、世纪公园这些浦东城市地标的市容市貌，也能够走进黎明生态园、自来水厂、九段沙科普基地，亲身体验了解和感受资源再利用、爱护水环境和生态保护的重要性。通过“生态巴士”这个独特的视角和城市的环境来一次有益的对话，对于推动构建和谐优美的生态环境，提升居民生活品质起到了积极的作用。

供稿｜浦东新区生态环境局
浦东新区建设和交通委员会
浦东新区志愿者服务总队

G60 科创走廊上的生态科普基地

导读

九科绿洲生态展示馆位于松江区九亭镇九科绿洲公园内。九科绿洲公园原是G60 科创走廊众多大型商贸办公楼宇之间一块宝贵的绿地，是周边人们休闲度假及锻炼身体的好去处。为了倡导社会公众自觉参与到节约用水的行动中，松江区政府联合上海湘顺环保科技有限公司，在九科绿洲公园内建造了九科绿洲生态展示馆。结合开设沉浸式环保研学路线、趣味迷你“海绵城市模型”、节水护水环保科普宣传等方式，将“环保设施向公众开放”项目带到了居民的家门口。

九科绿洲生态展示馆外观

“无废城市”宣传墙

在九科绿洲生态展示馆，参观者不仅能从“一滴水”中看到生态大文明，还能沿一条研学路沉浸式体验环保理念。

九科绿洲生态展示馆的外形宛若一条深蓝色水带，与公园内的绿植交相辉映，显得格外灵动。展示馆面向公众免费开放，致力于普及水知识水文化，传播节水、护水、惜水的绿色环保理念，可供沉浸学习、互动体验、影片观赏。自 2023 年 9 月开馆以来，已开展各类科普宣传 10 余批次，服务受众 600 余人次，线上社群反响热烈，聚集效应显著提升，一站式的服务体验使其成为居民新的网红“打卡地”。

观看“海绵城市”沙盘

参观九科绿洲会客厅

内部展厅中最吸引人的便是陈列在中间的海绵城市沙盘模型，与传统的形式相比，海绵城市建设减少了表层径流，增加了雨水下渗，在模型上层可以看到增设了更多的雨水收集途径，如园林、河流、道路和屋面等，与模型下层相结合，更好地实现了下雨时的吸水、蓄水、渗水、净水等雨水迁移过程的模拟展示，生动地展现了城市如何像海绵一样有效地吸纳、储存和利用雨水，减少城市内涝，改善水环境。此外，展厅内还有“无废城市”、城市碳中和、绿色生产、创新减排等主题的展板和宣传墙，让前来参观的市民能更直观地体验其中的奥妙。

2024 年“世界水日”期间，“节水全民行动　共建生态家园”的节水周活动如期举行。活动现场，志愿者们当起了“解说员”，并向参观者发放水法律法规读本、节水知识读本，向市民宣传节水实用小妙招，并向驻足观看展板的市民介绍近年来松江区的河道治理建设成果。

活动将传统的文字宣传转变为一场环境的沉浸式体验，是环保设施向公众开放的全新转型，活动也进一步提升了公众的参与感和获得感。以生态展示馆为主要科普阵地，依托九科绿洲公园优美的自然生态环境，松江区开设了一条研学风景路线，通过边走、边看、边体验、边讲解（“四边研学记”），环保设施开放和沉浸式环保体验有机融合，实现了环保宣传与环保体验相结合。该研学路线还会沿途设置节水宣传标牌、节水宣传栏等，普及节水知识、节水举措，引领公众在沉浸式体验美好环境的同时进行深度思考，还为宣传城市水文化知识、提升市民节水意识和科学素养，全面推进节水型社会（城市）建设营造了良好的氛围。

启示

松江区政府联合湘顺环保公司，以“家门口生态科普阵地”作为环保设施向公众开放的载体，在全区范围内，以“节水全民行动　共建生态家园”为主题，构建以政府为主导，社会组织为平台，企业为主体，公众共同参与的环境治理体系，将环保设施公众开放活动向纵深推进。九科绿洲生态展示馆被评为上海市节约用水科普点（市级）、2023 年省级节水科普馆、区级环境教育基地，同时入选为第三批上海市民“家门口的好去处”。

供稿｜九科绿洲生态展示馆

知行合一的环保课，亲眼见证垃圾去哪儿了

导读

环境问题观察，是华东师范大学开设的一门面向环境类专业学生，也面向对环境保护有兴趣的各专业大学生的环保入门课程，主要讲述环境问题与环境科学的基本入门知识。课程主张走出教室，深入环境问题发生的现场，用双眼观察，用大脑思考，以身临其境的方式触发感官认识和思维碰撞。

该课程还在中国大学 MOOC 平台上开设线上课程，被评为国家精品在线开放课程。课程共 100 多个小视频，每个视频 8 ～ 25 分钟，总长约 1 500 分钟，按“水、气、土、渣、生态”各环境要素的系统性，从上海市水体污染、土壤污染、大气雾霾、生活垃圾和固体废物、生态破坏等环境问题入手，通过现场参观体验，学生对环境问题的实际情况有了直观感受。

2022 年 7 月，华东师范大学和北京大学师生 60 余人来到亚洲最大的垃圾焚烧厂——也是环保设施开放单位的老港废弃物综合处置基地——实地参观学习上海垃圾处理系统末端处置的全过程。

在第一站垃圾填埋场，老师向同学们介绍了上海市垃圾处理的基本情况和老港再生能源利用中心的发展历史。“在上海这样一个常住与流动人口总和超过 3 000 万人的超大城市里，按每人每天产生 1 千克垃圾计算，单日就会产生约 3 万吨生活垃圾。”老师说道，“经过垃圾分类，单日生活垃圾可大致分为 5 000 吨可回收物、1.5 万吨干垃圾、1 万吨湿垃圾和几百千克危险废物。可回收物则可直接再利用，干垃圾可通过焚烧发电。”

第二站，同学们学习了垃圾焚烧工艺的流程。生活垃圾首先通过航运到达垃圾中

转站，经垃圾车运至卸料平台后由卸料门倒入垃圾坑中，再进入焚烧炉进行焚烧，燃烧产生的烟气进入余热锅炉，产生高压水蒸气推动机组发电，而烟气经过干法、活性炭喷射、布袋除尘、湿法洗涤塔和脱硝反应器净化后由烟囱排出，产生的飞灰经过布袋除尘器收集，通过螯合处理避免其中的重金属扩散，最后进行填埋处理。在中控室监控大屏前，同学们可以看到等待被焚烧的垃圾与正在运行的焚烧炉。屏幕两侧显示垃圾存储坑、垃圾焚烧炉的实时监控，屏幕中间则显示了焚烧炉和烟气的各项在线监测数据。这些数据并非由老港焚烧厂自行管理，而是会直接传输给生态环境部。例如，在垃圾焚烧的过程中，二噁英被重点关注，由于其在 850℃以上的高温会被立刻分解，因此，垃圾的焚烧往往要求保证炉温在 850℃以上，一旦低于 850℃，中控室大屏则会显示异常。

在参观完中控室后，根据垃圾焚烧的工艺流程环节，师生们还参观了烟气处理工艺流程、焚烧冷却塔、垃圾倾倒处等。最后，同学们还提出了许多问题，包括对垃圾焚烧厂焚烧工艺的疑问，对垃圾焚烧产生残渣处理的进一步疑问，以及上海市的垃圾分类经验等。老师及现场工作人员就同学们的问题一一做出了解答，对垃圾焚烧工艺的更多细节进行了补充介绍，并鼓励同学们继续深入思考。

讲解员讲解垃圾焚烧工艺流程

中控室大屏幕

垃圾倾倒处现场参观

垃圾焚烧烟气处理装置

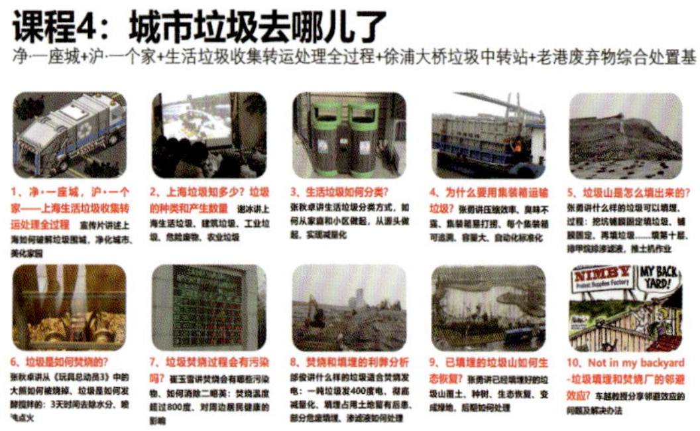

“城市垃圾去哪儿了”课程知识点大纲

启示

“环境问题观察”系列课程通过“理论+实践”的学习模式，在让学生系统地学习书本上环保知识的同时，还能够置身一线走进环保设施开放单位和环境教育基地等，亲眼观察企业环保生产工艺流程，了解可能会发生的环境问题，获知企业是如何承担社会责任的，进而启发大家关于环境保护的思考。这种注重实践的教学方法，以环境问题观察为起点，使学生能够更好地了解环境现状、理解社会需求、启发深入思考、激发学习兴趣、激励专业学习，为培养创新型环保人才奠定基础。

供稿｜华东师范大学

诚邀您一起践行 3R，将地球捡回原来的样子

导读

“捡拾中国”发起于 2014 年，其倡导“随手捡拾　随手公益”的环保理念，是国内首个专业关注户外垃圾议题，并通过互联网平台进行数据收集和分析的环保公益品牌。2018 年，“捡拾中国”作为上海浦东乐芬环保公益促进中心的品牌项目，将“世界清洁日”活动在中国大陆落地。截至 2024 年年底，短短 7 年时间，该项目就动员了中国大陆 162 万人次参与，合计清理垃圾 3 277.04 吨，传播触达率超过 11 亿人次。

“捡拾中国”十周年暨世界清洁日案例发布会现场合影

2018 年世界清洁日主题海报 # 见“圾”行事 # 系列获 2018 上海设计之都——申通德高公益创作年展大众组银奖

2023 年世界清洁日上海主场活动（其中一个团队）

项目初期以“净山”为切入点，组织志愿者走进山野，在体验自然风光胜景的同时，意识到环境保护的重要性；随着项目的发展，捡拾区域逐渐从山野扩展到海滩、河岸、乡村、街区等更多户外公共区域，倡导内容从“随手捡拾　随手公益”到“垃圾随身带”，同时通过多种创意手法，如主题海报“假装系列”，“拯救塑料理”H5 页面，以及明星代言等方式，引导公众“看见垃圾，看见行动”，“捡拾＋”系列也愈加丰富，例如，“捡拾＋自然教育”“捡拾＋环保设施参访”“捡拾＋环保市集”等，提倡捡拾又不局限于捡拾，让参与的志愿者在身体力行的行动中，获得双重体验和教育，寓教于乐，形成“知行合一”的环保教育良性循环。

以净滩为例，海洋垃圾和塑料污染的数量一直在迅速增长。据联合国数据，每年有 800 ～ 1 000 吨塑料垃圾进入海洋，而在这么多垃圾中，有 80% 都来自陆地。如果不采取有效的行动，预计到 2040 年，向水生生态系统排放的塑料垃圾将增加近两倍。据估计，海洋中的塑料总量为 0.75 亿～ 1.99 亿吨。

因此，阻断“最后一公里”流向海洋的垃圾十分重要，除了陆地垃圾的迁徙，海滩垃圾更重要的组成则来自海洋渔业养殖和渔业捕捞垃圾，清理并将这些垃圾进行分类回收，在净滩活动中具有很重要的教育意义。

活动前，我们会根据垃圾的不同类别以及是否易回收将海洋垃圾进行分类，并做详细的说明。

分类规则				捡拾要求
类别		分类举例	对应袋子	
易回收	高值塑料类	PET 塑料瓶、渔网渔具等。	黄色垃圾袋	易回收物：主要分为高值塑料类、金属类。能够较容易进入循环利用渠道。此类物品可能来源于陆地垃圾，也可能来源于渔业捕捞和渔业生活垃圾。 捡拾要求：压扁回收，统一装袋与投放。 对应袋子：黄色垃圾袋（金属和塑料分开装袋）。
	金属类	易拉罐、气罐及其他金属物，可分袋称重记录数据。	黄色垃圾袋	
	腐殖类	海洋漂浮过来的木头、竹类等，非本地原生。	大编织袋	塑料泡沫：聚苯乙烯加发泡剂，加热制成，90% 以上都是空气，能漂浮保温、价格便宜，常用于容器防撞包装、养殖业浮具使用等。但回收成本较高，无法有效进入回收体系。尤其是破碎的泡沫，不仅危害环境，也对动植物特别是海洋生物构成致命威胁。可回收再造，更多时候取决于量和有无回收渠道。 捡拾要求：此类虽轻，但危害大；尽量清理中小型的泡沫碎片。 对应袋子：大编织袋。
不易回收	低值塑料类	泡沫塑料：各种泡沫塑料（体积较大无法入袋的泡沫箱、泡沫浮桶类，无须入袋）。	大编织袋	
		其他塑料类：食品外包装、吸管、塑料餐具、一次性雨衣、衣物鞋类等。	小编织袋	其他垃圾：主要包含被污染的可回收物以及无法回收利用的垃圾。此类物品可能源于陆地垃圾，也可能来自渔业捕捞和渔业生活垃圾。 对应袋子：小编织袋。
	其他类	除以上垃圾之外的其他无法回收的海漂干垃圾，如遇有害或无法判断的垃圾，请告知工作人员。	小编织袋	无法判断的垃圾：由于脏污无法判断其类别，统一放到其他垃圾袋。 捡拾要求：先咨询现场志愿者，再判断是否方便捡拾，如遇有毒有害物，请先告知，不要贸然捡拾，以免造成伤害。

“卫蓝净海”净滩行动

活动结束后，如果有条件，我们会找到可以接收或者处理塑料泡沫的商家、伙伴，清理的塑料泡沫也会进入回收渠道。

2024 年 10 月 15 日，在上海市生态环境局的指导下，由“捡拾中国”参与组织的长三角“卫蓝净海”净滩行动中，来自长三角各社会组织和政府相关单位的志愿者，共清理垃圾 511.6 千克，由浙江蓝景公司进行了相应的回收处理。

2021 年开始，在上海市环境保护宣传教育中心的“小额资助项目”支持下，“捡拾中国”开启了面向青少年群体的“捡拾+”系列环境教育尝试。

在青浦区岑卜村，通过“垃圾降解时间”互动游戏，孩子们知道了“纸张的降解仅需 2 ~ 4 周，而塑料需 500 年甚至更长时间才能降解”，通过讲师的讲解，引导青少年感受人类活动对生态的深远影响，并意识到塑料垃圾对环境的持久威胁。

通过“撕报纸重组”游戏，学生模拟自然被破坏与修复的过程：撕碎的报纸虽可重新拼接，但图案与完整性已无法复原，隐喻人类对自然的破坏容易，但修复却充满挑战，这一环节引导青少年辩证思考发展与生态保护的平衡关系。

活动当天，孩子们深入岑卜村“后花园”进行清理，共清理出喷绘布、易拉罐、饮料瓶等各种垃圾 40.32 千克。

在崇明东滩湿地保护区，净滩活动的组分分析中，占比 70% 的一次性塑料制品(如泡沫塑料、饮料瓶等）给孩子们带来极大的震撼。海岸边琳琅满目的各种垃圾，通过对海洋垃圾的来源分析，可以直观地让孩子们感受到人类活动对海洋生态的威胁，引导孩子们从自身做起，不乱丢垃圾。

而在科普场馆的参访中，保护区的专家通过一幅动态的鸟类迁徙路线图与一个立体的湿地栖息地模型，生动地展现了候鸟与湿地生态系统的紧密依存关系。在路线图上，从西伯利亚至澳大利亚的“东亚—澳大利亚西迁飞区”跃然眼前，数百万只候鸟——如白鹭、黑脸琵鹭、勺嘴鹬——每年沿这条路线进行季节性迁徙，而东滩湿地正是它们中途停歇、觅食补给的关键“驿站”。“一只鸟的迁徙路线可能会跨越万里，但它的生存命运，可能就决定于我们脚下这片湿地的清洁与完整。”通过这样的科普，青少年不仅了解了环保行动的紧迫性，更有可能会成为湿地保护的主动参与者，将“守护湿地”转化为日常的环保实践。

“撕报纸重组”游戏

岑卜村“后花园”清理垃圾

崇明东滩湿地保护区净滩活动

参观科普展馆

启示

本文以“捡拾中国”的实践案例，通过“游戏体验＋实地清理＋专家讲解”的立体化模式，展现户外垃圾清理活动如何“跨界创新”，联合多方社会力量，实现从教育到行动的有效传递，参与者不仅掌握了垃圾分类、生态修复知识，更通过行动实践，如清理垃圾、数据记录等，成为环保理念的传播者和实践者，从而更好地守护我们共同的地球家园。

供稿｜“捡拾中国”

“咖肥行动”——从咖啡渣到有机肥的蜕变之旅

导读

上海闵行莘庄工业区先锋环保服务中心助推上海垃圾分类进程，创新参与式生态种植推广，10 年探索项目已经逐步落地全上海各行政区，以“瓶子菜园”“社区花园”“绿色生活行动”“咖肥基地”为代表的社区项目，很好地促进了人与人、人与自然的关系，累计 100 余万人次参与。

上海——这座充满活力的咖啡文化之都，每日产生的咖啡渣重量多达 40 ~ 50 吨。这些咖啡渣看似无用，实则富含氮、磷、钾等植物生长所必需的营养物质，是绝佳的有机肥料原料。

先锋环保服务中心发起的“咖肥行动”以基地为中心，以咖啡渣资源化利用为核心，通过创新模式推动城市垃圾减量及低碳循环发展。该行动以定向赛、社区活动等形式，联合政府部门、咖啡行业及社会组织，引导市民参与咖啡渣的收集。咖啡渣经堆肥发酵后转化为有机肥，可用于居民家庭种植和公共绿化土壤改良。

项目通过“咖肥行动”小程序建立积分激励机制，参与者可兑换咖啡券、花种子等奖励，志愿时长同步计入上海志愿者服务记录。截至 2025 年 4 月，累计回收咖啡渣超 5 000 千克，生成有机肥 3 500 余袋，惠及数万家庭。目前，在闵行、徐汇、静安、浦东、黄浦等区已建立 9 个“咖肥”基地。

2025 年 3 月，一场“咖啡渣收集城市定向赛”在上海市静安区江宁路街道进行，这场活动由江宁路街道办事处、静安区社会组织服务中心、静安咖啡行业工会、静安区生态环境局联合支持主办，先锋环保服务中心承办。近 40 名志愿者以定向徒步的方式开展“寻咖比拼”，志愿者们去了周边上百家的咖啡店、便利店，共收集到 153 千克的咖啡渣。同时，志愿者们还在“咖肥行动”小程序上进行积分兑换礼品。为促进“咖肥”项目的长期发展，在江宁路街道范围内“咖肥行动”将设置两个固定的“咖肥基地”，以满足志愿者们日常自助参与持续开展咖啡渣收集、家庭堆肥工作坊等活动。

据测算，每吨咖啡渣资源化可减少 0.2 吨碳排放，相当于种植 10 棵树。该行动不仅缓解了城市垃圾的处理压力，更是通过跨界共治织密社区绿色生态网络，很好地助力“无废城市”建设。

启示

“咖肥行动”的意义不仅在于对咖啡渣的资源化利用，更在于它以创新的形式唤醒了公众的环保意识。通过这些丰富多彩的活动，越来越多的人开始关注身边的废弃物，思考它们的潜在价值，认识到环保并非遥不可及的宏大事业，而是体现在日常生活的点点滴滴之中。先锋环保服务中心通过“咖肥行动”，成功地将公众、商家、社区以及政府部门紧密联系在一起，形成了社区共治的良好局面，从一杯咖啡的残渣开始，践行绿色生活理念，共同为地球家园增添一抹亮丽的绿色，让资源循环利用的美好愿景成为现实。

供稿｜上海闵行莘庄工业区先锋环保服务中心

助力学校湿垃圾变废为宝：播撒绿色生活的种子

导读

来自浦东新区的家庭堆肥博主张一，以自己的“零湿垃圾”生活方式，唤醒了市民的环保意识和种植热情。他通过运营“蚯蚓城市”短视频账号，手把手地指导城市居民如何将家庭湿垃圾转化为滋养生命的有机肥料。最近，张一将这份环保理念带入中学校园，与师生共同将食堂餐前湿垃圾就地转化为肥料，并成功培育出有机蔬菜，实现了从土壤来、到土壤去的物质循环。整个过程紧凑有趣，参与度极高，师生们在亲手劳作中体验到了物尽其用、与自然和谐共生的低碳生活乐趣，开启了一场环保教育的绿色盛宴。这段经历不仅丰富了校园生活，更点燃了大家对可持续未来的憧憬。

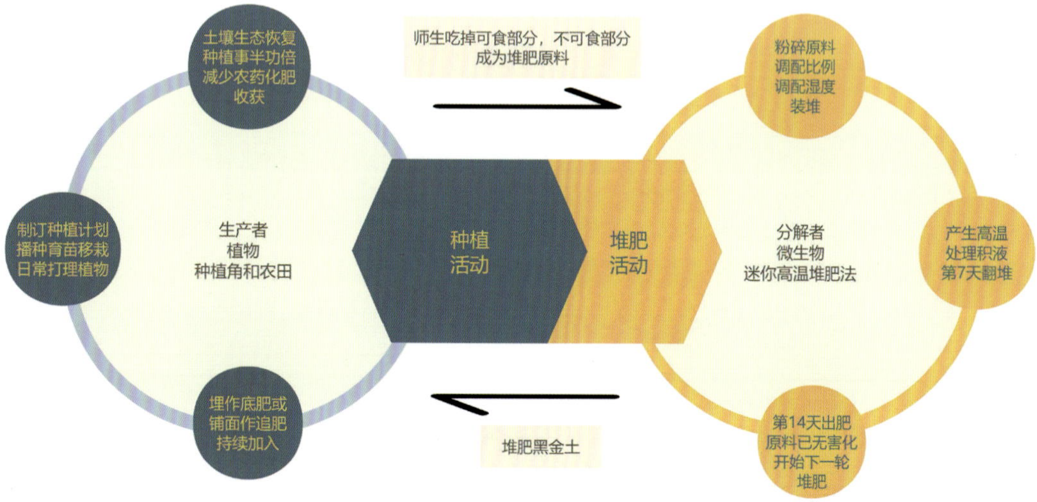

堆肥种植物质循环图和迷你高温堆肥法操作要点

迷你高温堆肥法的奇迹

城市居民一般认为，堆肥是落后的旧农业产物，占地面积大且恶臭难当。然而，张一博主发明的“迷你高温堆肥法”彻底颠覆了这一观点。这种创新方法专为城市环境设计，基于现代有氧堆肥原理，通过巧妙改造 20 升保温泡沫箱，创造出一种既通风又保温的理想环境，促进嗜热微生物大量繁殖和代谢。在无任何外部加热条件的情况下，能产生并维持 55℃以上的高温，让箱内湿垃圾原料在 10 ～ 15 天内快速、低臭地分解为“黑金土”有机肥。这种方法环保高效，特别适合都市生活，让每个人都能轻松实践“零废弃”的生活方式。

堆肥、种植、收获

迷你高温堆肥法在学校场景的创新应用

在一所参与了堆肥项目的中学，博主和学校一起建立了堆肥种植角，招募同学成立了堆肥种植社团。在校园内，你能看到操场旁那片特别的种植角。这里不再是普通的林下空地，而是一处充满生机的乐土。每周一次的社团课上，同学们围聚在一起，用学校餐前湿垃圾制作迷你高温堆肥。他们手中拿着剪刀，细心地将湿垃圾剪碎，再与咖啡渣或枯树叶等混合，轻轻放入迷你高温堆肥箱内。七天后的社团课上翻堆一次，再过七天，即可出肥。肥料经由一双双稚嫩的手回馈土地后，同学们又将开启下一轮物质循环。用堆肥改良土壤的效果明显，6 块施用堆肥的地块，植物长势强健。更令大家振奋的是，同学们还开发了 300 升“风之谷”高温堆肥桶和 400 升吨袋堆肥法来处理更多的食堂湿垃圾，目前已经转化 1 000 千克的食堂餐前湿垃圾，产生的约 300 千克肥料已用于种植角及整体校园绿化。这些稚嫩的环保者忙着学堆肥、学微生物知识、学种植、研发新技术，眼中闪烁的是对知识的渴望和对实践成果的憧憬。

堆肥种植不仅是环保科学项目，更是一场跨越多学科的学习乐园。在这里，同学们不仅可以学习到关于生物、地理、天文、数据统计、美术、环境科学和劳动技能等知识，还能在实践中感受到理论与实践的完美结合。只要各科老师留意开发，均能在此融合项目中找到各自学科的切入点。

除此之外，我们还计划向周边居民赠送学校制作的堆肥产物，以此作为公益媒介，将家庭堆肥的概念和科学方法推广至社区的每个角落，实现社区居民绿色意识的全面提升。这一举措不仅能够促进资源的循环利用，减轻城市垃圾负担，还能携手邻里，共同为建设更加环保、可持续的生活环境贡献一份力量。

堆肥种植社团

在此基础上，为了进一步扩大影响力，我们积极参与了多个科创项目，让学校的堆肥种植实践走进公众视野。例如，在最近的“环保启迪”项目中，我们的堆肥种植社团同学荣获前三名，并在迪士尼小镇湖畔“赞颂地球”环保集市上展示了自己的成果。四天的展览吸引了数百名参观者，我们精心准备的内容不仅传递了迷你高温堆肥的方法，也分享了我们对环保的热情与执着，鼓励更多市民参与到堆肥行动中，推动垃圾分类迈向新的高度，共同构建一个“湿垃圾产生者同时也是处理者”的可持续未来城市。

迪士尼“赞颂地球”环保集市展示

启示

校园堆肥，播撒绿色生活的种子。

学校是开展堆肥种植实践的理想场所，这里有稳定的原料来源和充满劳动热情的学生。通过现代有氧高温堆肥法，垃圾快速转化为有机肥，改良土壤、滋养植物，展现“变废为宝”的意义。堆肥种植，是不言而教、浸润灵魂的绿色低碳教育课；也是精彩纷呈、有劳有得的劳动教育课；还是学以致用、知行合一的科学教育课……也许它还有更多的可能，希望各学校、单位一起来探索！

供稿｜上海四叶草堂青少年自然体验服务中心